水平辭堂

辭為前導的文本分析、教學與創作

緒論上

理性收，感性放

本書針對廣告文案的分析、教學與創作，主要提出「水平修辭」的創思原理與座標架構，試著以鑲嵌辭格為前導，複合運用各種修辭辭格、語法結構及符號系譜等引導節點，來激盪、引領廣告文案的進階表現，以及更完廓彙整廣告文本的類型、趨勢與脈絡，其中，在《命名別冊》分析台灣建案命名語料部分，更導入「水平修辭命名座標軸」試著更能掌握命名文案的脈絡以及更能激盪命名撰述的創意開展。

廣告或廣告創意始終都是必須二元面向兼顧。例如，作品再怎麼強調自身美學，其客觀科學的面向也始終同步存在；同樣地，點子再怎麼感性跳脫也不能拋捨品牌既有的優勢資產；換言之，廣告的文圖或影音創作，得在感性與理性之間巧適拿捏進而臻於收放自如之境；畢竟，若沒有理性「收」的本領，就不要亂做感性「放」的動作。這也就是本書為何一再強調要以「理性鑲嵌（特別是品牌資產鑲嵌）」來當「感性水平」創意的前導之因。

整本書真誠裝載的、水平開展的內容，從理論到分析到教學到創作，主要分五個篇章，依序為您展開的是：

《水開屏》水平修辭的創思原理與分析架構

《字開嗓》水平修辭在文案教室的教學實踐

《月開趴》水平修辭的文圖創作私房演練一

《貓開花》水平修辭的文圖創作私房演練二

《房開柿》水平修辭的建案命名分析與創作

軟夾心，硬道理

此外，要額外補充的是，本書「水平修辭」的原理與架構在五個篇章裡，其應用與論述會因該篇章主題、重點與調性而做調整，例如開頭的《水開屏》篇章以及結尾的《房開柿》篇章，特別是在其《命名別冊》的內容，都會比較理性一些，也會多些客觀論述或論證的部分，甚至會輔以更多複雜的座標軸或心智圖；相對地，中間夾心的《月開趴》與《貓開花》則是比較『沒大沒小沒規範』的感性、軟性書寫，主在演練與示範光是扣住一個「水平思維」主題就能水平開展各種文圖想像與創作表現。至於《字開嗓》則是分享筆者在《廣告文案》課堂上如何運用水平修辭來做教學實踐，但並不是以教育或教學理論為主的論述，而是純粹以較輕鬆但實用的方式來分享筆者多年來文案教學的心得。

緒論下

一再地往水平方向叨唸叨唸叨唸與匍匐演進

從思維原理到教學推演到文圖研究與創作實踐，
水平，是一再地的切離轉移，不遺餘力。
就像修辭辭格的運用，很多創思與執行運用的知能技巧，
其實是很後推、很內化的，大都不會刻意去標註如何爰引或賣弄，
但是，力拼水平發散的態勢卻是專業偏執深陷的癮。

修辭辭格的引用若很水平很複合，那頗似訴諸兼格修辭；換言之，
此款瞄準了創意巧思的默契，
以及裝置了水平思考的複合修辭型態，可以叫做「水平修辭」。

然而，就像「創想」與「亂想」的不同在於前者夾帶著某些原則與心得，
甚至規範而來，而非像後者無所顧忌、為所欲為。
「水平修辭」與「兼格修辭」之間也是存在著差異，筆者參與及觀察的心得是，

儘管「水平修辭」的複合引用面貌類似所謂的「兼格修辭」，
然而多夾帶著「映襯」與「跳脫」甚至很有機且反骨的核心精神而來。

此外，筆者更以自身多年的廣告創意職場經驗，
在兼格修辭的引用歷程中，多帶入先減分再加分的階段動作；
亦即，先動用看似減分、拘謹的鑲嵌辭格；再來，才動用加分、翻盤的辭格，
透過一減一加、一負一正的激盪加持與映襯跳脫，
試圖讓修辭的拉拔功用以及創意的水平舒展更加新穎快意之外，
還能兼顧客戶的堅持與品牌固有的美好。

本書整個編輯彙整的主軸就是水平修辭的原則引介與應用，
含括筆者親自在教學、研究與文圖創作上的模擬實踐，
特別是多年來針對命名文本分析的要領彙整；換言之，
整體圖像的企劃與文案，其撰述都是扣著對水平的隨時嚮往與迷惘而來，
創意來不來、點子好不好、辛苦多不多？

很簡單的小重點、微境況，
用了整本書的份量來拓展、來贅述，
只為了守候一種職場上教學上單戀的，
一種理性的水平偏執。

於是支支吾吾的長出了這樣枝枝節節的內容

依著仍需有著理性打底的水平偏執，以及有著鑲嵌辭格在前打光引路的兼格應用，筆者的專書內容剛好就是偏執的緊靠著右邊沿著岔路走。左邊與右邊、理性與感性、垂直與水平、大道與岔路，這相對的思維，用互相比較的方式最能明晰其間的道理與差異。

創意思考活動的引擎或所謂的發電廠，就是人們的腦袋。一樣，腦袋的引介，用相望相對的概念來陳述最清晰，美國加州大學的 Roger Sperry 和 Robert Ornstein 算是最早提出左右腦擁有不同思考活動的論述，他們經過不同思考工作的腦波探測，得到左右腦思考活動的結果大致如下：左腦負責：邏輯、文字、數字、分析、次序、數列、其他類似活動。右腦負責：顏色、音樂、想像、做白日夢、空間感覺、韻律、其他類似活動。（謝家安，1996: 頁 4）

此外，關於左右腦的差別，另有很多相對的形容或描述，例如相較於左腦，右腦是比較柔軟的、感性的、直覺的，甚至譬喻成相對的事件或物體，例如，左腦思維較像太陽而右腦思維則較像月亮；又或者，左腦思維較像雄性思維而右腦思維則較像雌性、母性的思維類種。筆者本書主要章節的命名就是很右腦的實踐，例如有別於左腦太陽的《月開趴》，以及有別於左腦犬隻的《貓開花》。而《字開嗓》主要是標記自己在講堂開嗓主要就是關照同學的廣告文案撰述是自我呢喃的啞彈還是真正清新的好嗓子。至於《房開柿》則是剛好應用筆者房產建案命名研究裡，熱門慣用的雙關辭格與象徵辭格。

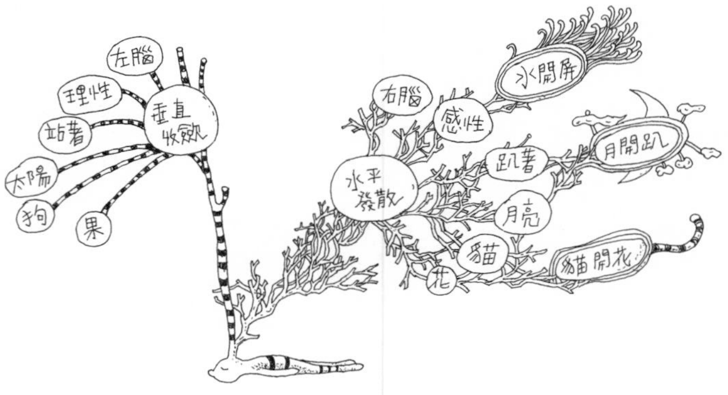

貓的半隻舞曲

鑲個對的方向
崁個妙的路徑
矢志堆砌美好的筆　開工了
趴在月光下微微笑著的腦　開發了
披著鱗片羊皮的貓　開花了
案頭上半開的稿紙
一格一格地也跟著往水平方向開心的
舞蹈了起來

ACKNOWLEDGES

本專書論及的水平修辭以及其分析創作座標軸，最早是發表於商業設計學報第23期的論文《水平修辭：以台灣房產建案命名分析與創作為例》，至於與課堂教學結合的論述，則是發表於商業設計學報第24期的《廣告文案教學的水平修辭應用》。此外，關於品牌資產、品牌定位及品牌個性等三要素、概念設定以及各類修辭辭格的引介，有些摘錄自筆者之前出版的兩本專書《廣告文案創思原則與寫作實踐》以及《廣告修辭新論：從創意策略到文圖實踐》。

自介

一尾被隆重稿紙纏身的貓

回顧自己的工作職涯，最貼適的職場形容就是「文案人」或者叫做「copy-based 的創意人」，只不過，以為可以多瀟灑多有心得的舞文弄墨，卻大多時候只是一堆稿紙纏身，僅是一般的接案、趕工、脫身與剛好的領餉而已。但對廣告文案創作與教學的熱愛始終不滅，對水平創意與修辭語法的偏愛也始終熱絡，進而儘管手拙，仍盡心打線編織了這本文案專書，希望在廣告文案教學或創作或研究上又能湊巧幫上一些些人一點點忙。

專職：目前：台中科技大學商業設計系專任副教授。之前：朝陽科大視傳系專任副教授、元照智勝出版集團企畫部創意指導／企劃部主管、何嘉仁文教機構總處總經理室文宣整合／企劃部主管、華威葛瑞廣告公司文案指導／資深設計、中央研究院資訊所語意分析組知識分析師、滾石《廣告雜誌》ADM 主編、尚意廣告公司企畫主任、德威廣告公司企劃撰文。

兼職：台中技術學院應用中文系兼任助理教授／商業設計系兼任助理教授、輔仁大學廣告傳播學系兼任講師、中原大學商業設計系兼任講師、實踐大學視覺傳達設計系兼任講師、實踐大學服飾設計與經營學系兼任講師、采欣國際廣告公司執行顧問、簡單生活創意公司顧問、中華民國美術設計協會副秘書長。

專書：邱順應著，2018，創意模仿學：仿擬修辭主導的創思策略與文圖實踐，智勝文化出版，ISBN: 978-986-457-038-6。邱順應著，2013，廣告修辭新論—從創意策略到文圖實踐，智勝文化出版，ISBN: 978-957-729-877-5。邱順應著，2012，品牌命名新論：從象徵修辭到語法結構，智勝文化出版， ISBN: 978-957-729-879-9。王桂沰、曾培育、邱順應等著，2010，當設計遇上法律——智慧財產權的對話，五南文化出版，ISBN: 978-957-11-5916-4。邱順應著，2009，標語的訴求策略與敘事結構，智勝文化出版，ISBN: 978-957-729-726-6。邱順應著，2008，廣告文案：創思原則與寫作實踐，智勝文化出版，ISBN: 978-957-729-674-0。邱順應著，2001，童黏圖文集，星定石文化出版，ISBN: 9570307838。邱順應著，2000，創意不正經，星定石文化出版，ISBN: 957-2017-11-x。邱順應著，1997，創意相對論，新衛文化出版，ISBN: 957-8634-74-9。邱順應譯，2005，設計我的第 2 母語，滾石文化出版，ISBN: 986771822-4。邱順應譯，2005，品牌魔力丸，藍鯨出版，ISBN: 986-7964-68-3。邱順應譯，2000，不守規則創意，滾石文化，ISBN: 957961383-4。邱順應譯，1999，如何製作有效的廣告影片，滾石文化出版，ISBN: 57961381-8。

水平修辭的創意原理與分析架構

水開屏

ㄏㄨㄢ ㄧㄥˊ ㄉㄞˊ

一屏二屏三屏，水開啦，拼個桌，再來一屏！

前言

一水開屏一水平修辭的分析原理與創作守則

筆者提出的水平修辭，乃水平思考方法與文學修辭的兼格辭格之交集並用，並在借用心智圖法的聯想網絡來開展書寫方向時，透過修辭、語法、符號等引導節點來做寫作思維的激盪與引導。至於水平修辭不同於兼格修辭之處主在於水平修辭不只是複合引用兩種以上的辭格，重點在於複合應用之前，需先理性鑲嵌品牌的優勢資產相關詞素進來，亦即透過「先鑲嵌、後兼格」的階段性修辭動作，企圖兼顧水平創思的跳脫美好以及垂直理性的品牌資產關照。

章一　廣告文案的前導框架
章二　廣告文案的概念設定
章三　水平修辭與水平思考
章四　水平修辭與兼格修辭

章五　水平修辭與心智圖法
章六　水平修辭命名座標軸
章七　水平修辭的細目辭格

從章節一到章節七，剛好是從理性成分居高漸漸轉移至感性成分居多的進程；換言之，光是從章節的安排即可看出水平修辭「先垂直理性，再水平感性」的書寫模式與原則。以及，本書始終強調，在水平思維亂竄或者心智圖亂展之際，特別是之前，偏理性特質的前導框架與概念設定是後續水平發想與書寫也需相當重視的單元與內容。

帶著準星，
按部就班的往水平方向漂亮散開

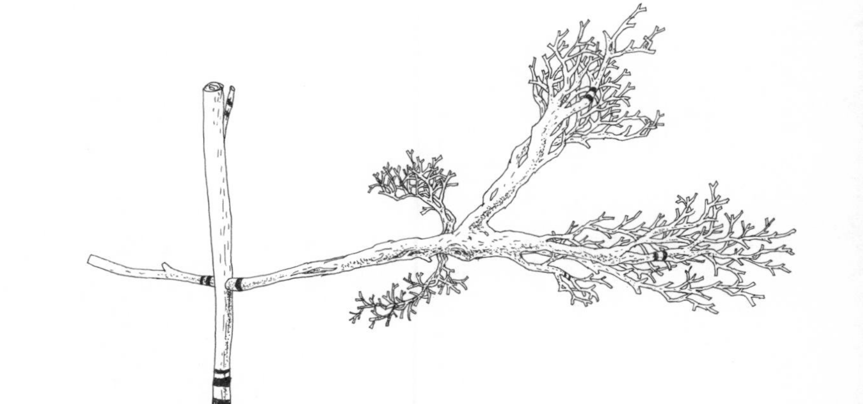

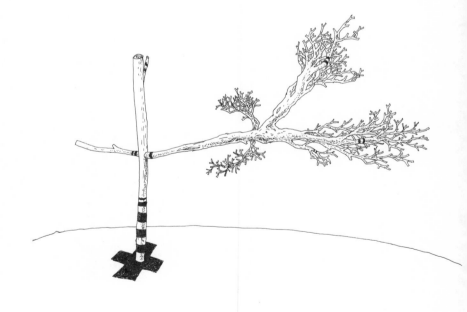

章一　廣告文案的前導框架

儘管本書以水平修辭或水平思考掛名，卻特別強調文案的發想與撰寫並不是純粹的自由激盪與隨性擴散，因為文案撰述的前頭存在著既有的前導框架。畢竟，廣告是品牌行銷四P之一，「促銷」（Promotion）的一環，所以論及廣告文案的企劃漂亮或撰述成功與否，不能單就文字本身運用（含括修辭的引用、語法的變化等）的巧適優劣來做斷定，其效果或整個廣告有無解決該品牌的核心需求或問題更是成敗的關鍵。

所謂的廣告文案和文學最大的差別在於所有的廣告文案，其出發點及著眼點皆出自於商品本身（莊惠琴譯，1989: 113）。所以，別錯認了文案親密關係的對象——文案不是從自己出發，而是從品牌及產品出發。即使是廣告大師David Ogilvy亦是隨時將產品擺在第一順位，他說「如果我兒子堅持要進入這一行的話，我會告訴他要更加努力工作。在他寫出三十九個平淡無奇的形容詞之前，他應該先瞭解他的產品，徹底研究它。」（劉毅志譯，1997: 128）。

換言之，無論是品牌的資產、定位或個性，都在前端決定、示意了後頭文案書寫的依歸方向。文案必須以品牌以及消費者為優先，這幾乎是所有的文案達人都會再三叮嚀的廣告發想與書寫守則。正如知名文案 Tony Cox 所言，使得文案不同於其他所有寫作的絕不改變因素是，廣告從不自成其為廣告。廣告談的，永遠是超乎自身之上的某個東西：產品。

（賴治怡譯，1997: 30）

這也是本專書提出的「水平修辭分析創作座標軸」的核心概念與操作，強調在「水平表現展軸」（X軸）上做水平修辭、創意自由開展之際，必須仍有從品牌理性出發與檢核的「品牌垂直基軸」（Y軸）當依歸；亦即，優先將品牌命名或優勢資產的鑲嵌視為所有修辭辭格的領跑辭格或基底辭格，因為這樣可以適時提醒、導正文案撰述時別忘了關照品牌與顧客至上的必要任務。

儘管，關於品牌的資產、定位與個性等三大要角的更多細節介紹，要在下個單元《字開嗓》的第一章節才會有更多介紹，在此不贅述。但是，這裡仍先簡單的羅列品牌與廣告的上下關係對應表（見表 1-1），提早簡約說明一下框架是什麼，而誰又是誰的前導框架。

所謂的「前導框架」，不僅在水平思維運作中，可以擔綱理性的、安全的護圍鷹架，更是優先鑲嵌的關鍵詞素；換言之，廣告企劃與執行強調的、推展的水平創意，不是超自由開心的點子亂彈、創意亂竄。整個思維運作是有導航、有鷹架的。唯有理性為佐，甚至為導，水平發射才有其意義與價值。

表 1-1 品牌資產與個性是廣告的前導框架

品牌前導框架	廣告接棒表現
品牌資產 Brand Equity	廣告利益 Advertising Benefit
品牌個性 Brand Personality	廣告調性 Advertising Tone
品牌標語 Brand Slogan	廣告標題 Advertising Headline

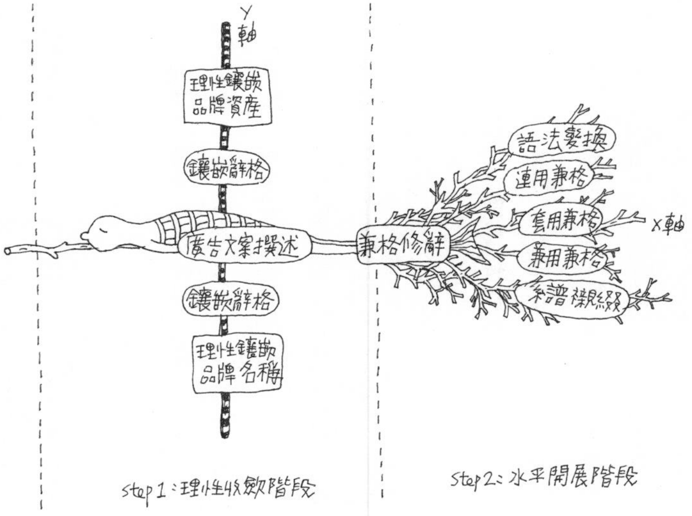
Y軸
理性鑲嵌品牌資產
鑲嵌辭格
廣告文案撰述
鑲嵌辭格
理性鑲嵌品牌名稱
兼格修辭
語法變換
運用兼格
套用兼格
兼用兼格
系譜襯綴
X軸
step 1：理性收斂階段
step 2：水平開展階段

以資產框架而言，這頗現實，你的品牌資產愈富足雄厚，廣告能出的牌、能端上桌的菜色就愈多。廣告有沒有說服效果，關鍵常在於「牛肉在哪裡」；亦即，你的廣告到底承諾、提供消費者什麼利益。又是很現實，品牌若沒什麼獨特資產，廣告的後天努力就要多用力一些，方能擠出具有吸引力、說服力的利益出來。

就好比福特 Escape 會大膽、大器的喊出標語「路是 Escape 走出來的」，是因為該車款乃具有強大四輪傳動功能的運動休旅車。產品若沒有優越的抓地越野功能，創意就不要跟跋山涉水扯上關聯；亦即，假設你的車子不含括攀山越嶺的品牌資產，你就盡量不要去匹配愛冒險愛征服的個性，因為前面的品牌框架會理性且確切的影響著後端的廣告表現，若是你的車只有自排功能，廣告畫面卻處理成它驕傲又靜穩的停在雄偉玉山上，就算你也配上「路是我走出來的」此自信標語，讀者卻只相信「車是你吊上去的」。

再以個性框架而言，也是影響著後端文圖或影音的表現，特別是調性端的演繹。就好比設定好了全聯先生樸實隨和及木然幽默的個性，之後其在廣告上演繹的調性就不會突然做事過於幹練機巧，說話也不會突然伶牙俐齒，因為擁有怎樣的個性，之後表現演繹的內容，甚至旁白、色彩、字級、道具等任何跟內容有關連的，都有著該調性需依隨的框架在；換言之，明明品牌個性設定是大器、大方的，幫代言人準備的耳環就不要走小巧文青的調。

最後，以標語框架而言，這是廣告所有文案的前導框架，但別誤會了，所謂的「框架」並非有一定不能逾越或變換的長相或約束，而是因為標語是品牌最重要的文字識別；亦即，標語（Slogan）勢必夾帶著品牌的某種信念、態度，甚至主張、價值觀等而來。標題(Headline) 儘管只是單一作品及某一產品的主要文案，但畢竟都是此品牌旗下、血統關聯著的一份子，總需有交集或相像的地方。

額外一提，無論影片或平面，整個廣告活動都需先發想、設定一個主題（Theme），而整個廣告活動就是守候著、依隨著某個主題去進行、去開展的廣告活動，而這每回新開展的廣告主題都需符合品牌標語的精神內涵。舉 Nike 的廣告為例，2006 年籃球明星 Kobe Bryant 推出主題為「Love Me or Hate Me」的影片，或者最近因為疫情關係延宕許多運動賽事而推出主題為「You cannot stop us」的影片，其精神架構都仍在標語「Just Do It」的預設框架裡。Kobe 影片的主軸訊息是「做就對了（Just Do It）」，管他緋聞纏身、愛我恨我，我就是愛不斷的運動、不斷的挑戰和精進；同樣地，疫情無法阻止運動影片的主軸訊息也是「做就對了（Just Do It）」，再怎麼隔離、再怎麼克難不方便，還是可以找到運動的方式與樂趣。

章二　廣告文案的概念設定

廣告文案與創意思考最大的交集與關連在於創意概念方向的開展與擇定。而廣告創意人員，特別是文案人員，最常處理的概念設定圖（見頁 60 切概念鑲嵌附圖），正是創意水平開展、開花的操作與實踐。亦即，廣告文案人員在撰述文案之前必須先搞定創意的分流與概念的設定，之後方能真正開始下標撰文。

概念先於文案與圖像

這是處身廣告公司創意部門最基本的認知與素養。有些人會誤會，以為廣告公司裡的文案人員都忙著在爬格子，而設計人員都是忙著應用電腦軟體勤畫圖；其實，文案與設計人員都花不少時間在確認、切分執行的方向上，也就是所謂的「切方向」，不信的話，撥個電話給忙碌的創意人員問他們在做什麼，除了開會之外，他們最常回答的便是正在忙著「切概念」，甚至說得更口語些，正在「切東西」。

在廣告創意領域裡，最忌諱的就是還搞不清施力方向、也還沒孵出漂亮點子，卻就開始埋頭猛畫狠寫，切記，文案的成功與否很少看努力程度的，沒有準度的傻勁與苦工只是在浪費時間與預算而已，唯有找到好的概念、確定文案方向後才出發，後面的動作才有其意義。也因而「切概念」也常被稱為「過創意」；亦即，別想馬上動筆動電腦，先「過」了這關卡再說。

找出存在於產品中對消費者有利之點，進而在廣告中加以強調，此一作業即是「概念設定」(Concept-setting)，即廣告公司裡常掛嘴邊的「切概念」。而「概念設定」是廣告訊息作業的最初階段，廣告中的文字圖象安排及表現方向都得取決於「概念設定」。

因為 Concept 的正確性與適合性會直接影響到整個廣告的表現方向，檢測概念是否正確可行的 Concept Test（概念測試）更已成為製作廣告前最重要的先導工作，只要預算與時間許可，應都該將此測試列入必備的執行流程。

概念是在創作的最前端，概念好比是表現方向之提供與擇定，概念若還沒敲定、還沒「切」好，就亂發想點子（Idea）、亂收集表現用的素材（Material）、或開始亂畫草圖甚或落筆寫文案，都是無頭馬車，奔馳得再快，也只是魯莽，而非英雄。例如某位創意人員心儀金城武，發想點子便繞著他想，或某位創意人員超想到希臘古城感染南歐氣息，寫起文案都不離希臘典故與景點，此類作業便是將創意概念拋之在後，反而先抱著名人素材、景點素材跑，便是相當不專業且危險的作業心態與流程。

因為切開而擁有選擇

切概念，這裡所謂的「切」是動詞，就是在切分（Separate）出來幾個解決問題之最可能成功方向與路徑（Routes）。因為廣告創意含有主觀性及各種客觀變素，因而方向絕不能賭注唯一的解決途徑，分幾個方向來發展是時勢與效率考量之必須。

所以在廣告公司向廣告主提案時（特指廣告影片之提案），通常一個概念會各自用一個裱板來 Present，且習慣都會準備至少三至四個概念腳本，也就是說分三至四個方向、方案來說服廣告主，看是何種方案解決問題較可行，又何種方式，在解決問題的同時，還可添增更多的附加價值與美好感受；換言之，透過概念之檢定與確認之後，沒問題，才能進入下一個書寫確切文案與設計執行的階段，以及更後端廣告製作的把關動作，例如確認作品是否能守住甚至張揚設定的主題與調性，而沒有擅自偏離。

把解決問題的思維以及創意呈現的風貌，從一個慣性管道切分成至少三條路徑，這每次創意概念的運行，正是廣告創意人員水平思考的最經典演繹。

產品概念與創意概念

「創意概念」位置雖在文案與設計之前，但其實還有另一個概念跑在其前面，那就是「產品概念」；換言之，廣告創作的流程是：先用「產品概念」（Product concept）確立產品與消費者發生關係之機會點在哪，再用「創意概念」（Creative concept）發展正確方向的點子與執行。而從「產品概念」進行、延伸到「創意概念」，剛好也像是從理性導向的思考邏輯，推進、演進到水平感性導向的思維開展，兩者、兩個階段相輔相成，缺一不可。

產品概念與消費關係

換言之，關於文圖執行之前必須進行的「切概念」任務，一個文案人員必須先撰寫「產品概念」，繼而才開展「創意概念」（點子方向），最後當創意概念的方向擇定了，才可以開始正式撰述文案。

而關於產品概念的描述，筆者在 GREY 公司創意部門擔任文案人員時，我們是以 ACB Statement 來做主要描述與提案。這 ACB (Accepted Consumer Belief)，可稱之為「消費者的信服點」，這也有用 Insight into Target Consumer Frustration or Desire（目標消費者的核心需求）替換或補助說明 ACB。

ACB 是廣告創作時概念工作單中的靈魂。為什麼呢？如果不知道產品未來的主人翁——消費者想什麼、信服（或信任、信仰）什麼及什麼時間地點情境心情下最需要或至少最“接近”我們的產品的話，溝通都會有問題又何況要說服他們掏腰包呢？所以，打開產品暢銷通路前，得先用心打開目標群眾的黑盒子及其心結。

ACB 的書寫，其實很簡單，就是把目標消費者與產品之間各種可能的「發生關係」（在什麼時空背景與何種心境需求下），將之描繪或創塑出來；或者，為了方便歸整與撰述，也可直接先套用制式表格（見表 2-1），大致就是：「誰」、「在哪裡（處在怎樣的環境或心境）」、「擁有怎樣的問題或期許（期盼這個產品能幫你做什麼，以及有什麼理想表現）」。

從表 2-1 可以看到，大致是怎樣的族群在怎樣的狀況下，會產生、引發他們對咖啡產品的需求。例如鎖定年輕人，然後去發想年輕人大致在怎樣的狀況下會跟這杯咖啡攀上關係。

換言之，關於概念，先是以「產品概念」打底，找到產品與消費者的關聯切入點，之後再進入文圖或影音表現的「創意概念」階段。「別對著所有人說話」、「別試圖讓所有人買單」、「寫文案要寫給個人看而非大家看」這些種種叮嚀，其實只要有理性導向的「產品概念」在前端探測、鋪陳，後端的創意開展再水平跳躍，也不會陷入失焦失態、亂槍打鳥的狀態。

例如邦德先生咖啡的廣告作品（見圖 2-1），其標題「年少輕狂！管它睡意有多沉重」就是很理性的標示了消費者什麼狀況下與產品間的對應關係。而更多的水平思維與發揮則在圖像部分，如何把沉重眼皮吊起來的誇張幽默。

表 2-1 咖啡產品概念的撰述對應表格

Who/Where	Which situation / mood	Expected how & ideal what
年輕人在房間	晚上熬夜眼皮快撐不住	有沒有可以醒腦的飲料
同學在趕作業	體力與精神都愈來愈差	有沒有提振心力的秘方
司機正在開車	體力不支一直在打瞌睡	有沒有辦法趕跑瞌睡蟲

圖 2-1 高雄科技大學學生金犢獎作品

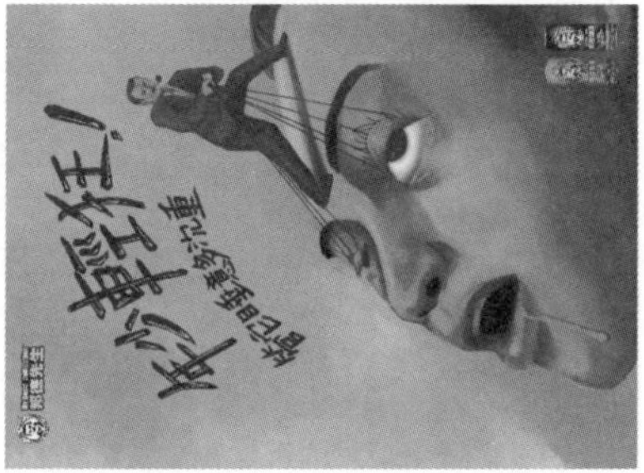

概念圖法與心智圖法

廣告創意的概念設定圖（見頁 60 切概念鑲嵌附圖）跟坊間盛行的心智圖一樣，都是想辦法在拓展、擴充不同的想法。筆者認為比較偏廣告公司創意部門的切概念動作，及其展出的概念網絡，跟一般心智圖法比較大的不同在於多了邊動腦邊檢測的機制。以筆者公司實務操作為例，每支影片的提案，幾乎最後會落定在三款，也就是水平思考再旺盛再滿溢，都會同步在檢核、在縮編，不夠獨特或不夠精彩的就不再展下去，具有驚艷精彩潛質的就扶正為主幹，繼續想其再加分、系列稿的可能。畢竟，筆者頗常看到同學的紙張上的心智圖儘管開展了滿滿字詞，卻篩選、抽取不出關鍵字詞或畫面線索出來。

此外，就像同一班同學在展心智圖時，在同個題目、環境及時間規定下，有的展得枝葉茂密、有的卻稀稀疏疏；換言之，有些人就是較不擅長於無中生有的腦力激盪與產出，但若有範例或有效刺激便能在旁敲側擊的境況中觸類旁通、開展起來。對照於一般心智圖，筆者習慣在思維路徑上添增、甚至強迫規範一定要有不少的刺激節點（例如筆者超愛規定同學在文案裡鑲嵌數字、色彩、動植物等具體符號），有了這些刺激節點或引導節點，加上隨堂播放的相關連作品 PPT，激盪與激勵之下，同學常在下課前就能收割不少好點子。

引導節點與檢測節點

不過，關於這思維開展的刺激節點，哪種節點最能發揮鷹架與有效激發的功能呢？筆者以多年廣告文案授課經驗覺得，無論是修辭辭格、語法變化或符號系譜併用著、複合著來應用，最能刺激思維的向外向旁開展。

再以邦德先生咖啡的廣告（見前圖 2-1）為例，畫面裡的主角睡意太濃重而讓眼皮需用一堆線才能拖吊起來，這誇張的強調是動用了誇飾修辭，而那用力拉拔的角色正是邦德先生，這演繹角色的安排則是動用了鑲嵌辭格，而邦德先生的睡意被強力拯救正是咖啡濃烈效果的轉喻。正因為許多的文圖創意其在應用辭格部分，幾乎都是兩種以上辭格的複合運用，亦即動用了兼格辭格，而直接把這些常用的辭格散佈在心智圖開展的路徑上，作為思維引導的節點，其實滿管用的，筆者以房產建案命名為例，假設有家建商叫做首席建設公司，該公司新建案命名希望鑲嵌「第一」進來，其命名發想的概念開展或心智圖進程與長相可以如圖 2-2 所呈現，例如看到倒裝節點，可以把「第一」變換成「一第」，而若看到「雙關」節點，可以把「第一」改寫成字音雙關的「帝一」而透過再雙關「第一名」而得到「帝一鳴」的命名。

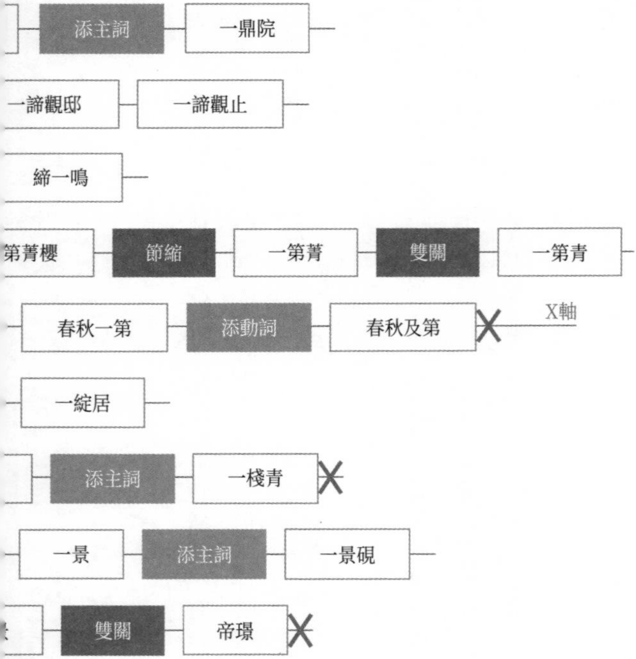
添主詞
一鼎院
一諦觀邸
一諦觀止
締一鳴
第菁櫻
節縮
一第菁
雙關
一第青
春秋一第
添動詞
春秋及第
X軸
一綻居
添主詞
一棧青
一景
添主詞
一景硯
雙關
帝璟

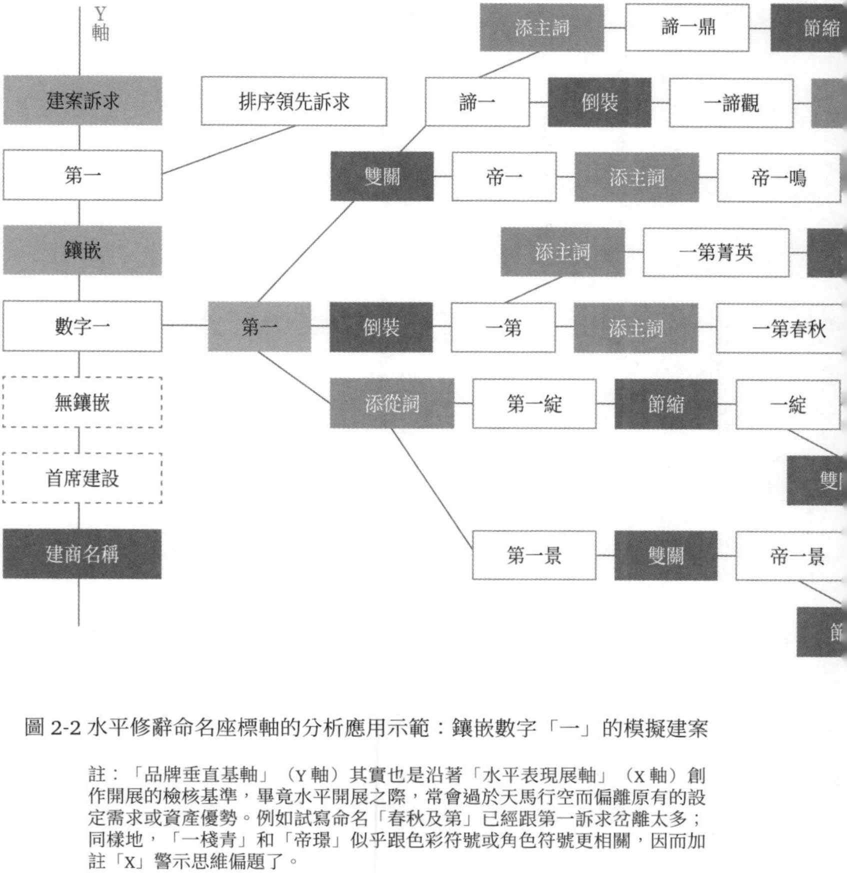

圖 2-2 水平修辭命名座標軸的分析應用示範：鑲嵌數字「一」的模擬建案

註：「品牌垂直基軸」（Y 軸）其實也是沿著「水平表現展軸」（X 軸）創作開展的檢核基準，畢竟水平開展之際，常會過於天馬行空而偏離原有的設定需求或資產優勢。例如試寫命名「春秋及第」已經跟第一訴求岔離太多；同樣地，「一棧青」和「帝璟」似乎跟色彩符號或角色符號更相關，因而加註「X」警示思維偏題了。

章三　水平修辭與水平思考

水平思考與垂直思考

水平思考又被稱為「發散式思考」；亦即，「散開來」這個動作是很基本與核心的指令與完成。至於跟「水平式思考」相反、相對應的是「垂直式思考」，所謂的垂直，就是習慣於倚重既有的經驗與知識，黏守、拘謹在一定的思考路線上。

水平思考的文圖呈現

換言之，遇到問題，遇到要想像思維，就不能太黏聚在單一的線路上，而是要發散開來、分流出去。而且這發散出去，還不能只是像漫無目標的逛街一樣，而是須有預期把握的計劃與新穎獨特的收穫。就好比美國心理學之父 William James 說的，「創意是充沛聯想與避離平凡的共同產物」（John S. Dacey, 1989, p83）。

這「避離平凡」四個字是多麼貼適巧妙的形容以及多麼重要的檢視強調啊！筆者在《廣告文案》課堂上，總會請同學檢視自己的文案撰述或圖像發想是否太慣常太單薄，太過平淡平常。例如同學執行《掌閱》此品牌的平面廣告，主視覺畫面是手握手機，筆者就會勸阻，理由是，你前幾分鐘甚至前幾秒自己就在做這個動作、在看這種視覺，甚至你隔壁同學也是這個畫面，那叫做一般的、慣常的普通畫面，是不夠格撐起主視覺（Key Visual）的，至少也要雙關一下、轉化一下，變成藏經閣、游泳池、任意門甚至便當盒都比普通的手拿著普通的手機好。

水平修辭的複合系統

至於「修辭」（Rhetoric），在西方原始字根意指流水，是說人類的思想湧現，滔滔不絕，言語流露，口若懸河。（王珩等，2012: 378）他們給辭格下的定義是語言文辭中為了提升表達效果，有意識地、臨時偏離常軌，而創設的種種特定格式。（王珩等，2012: 379）這「提升表達效果的偏離常軌」不就正是創意發想與撰述的定義與原則。修辭的出現與應用正是為了告別一般的、常軌的書寫。

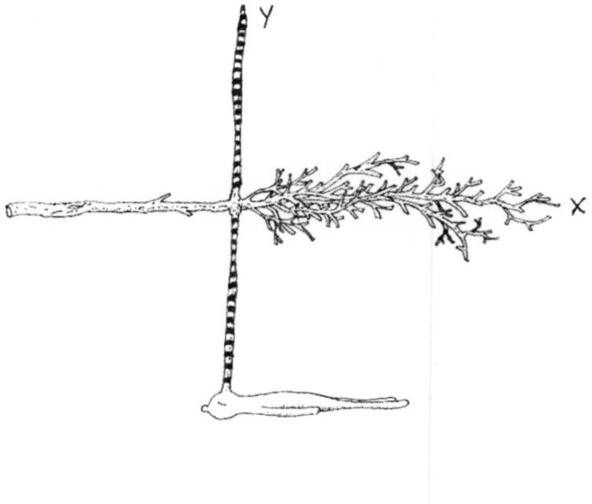

換言之，不僅要運用修辭，而且要複合著多用不同的辭格。只不過，修辭的水平態勢與右腦動作，若單一對等於文學修辭的某個辭格定義並不容易。其切分、切離出來的多元複合特性，似乎沒有任何一個辭格可對等；換言之，大致只有兼用二個以上辭格的「兼格修辭」方能對應匹配，也方能達到如其原始字根意涵「像流水般不斷湧現」的成效。

水平思考的六頂帽子

水平思考的流動，並不是自由、單純的的往四面八方散開而已。水平思考之父 Edward de Bono 用六頂帽子來強調思考別陷入單一思維的重要。他這麼形容，「就像打高爾夫球，你可以單用一支球桿打完整輪比賽，但通常你會被用整組套桿的人打敗」（Edward de Bono,1995, p65）。

其實 Edward de Bono 提倡的六頂思考帽子，重點也不僅在不同需求時期戴不同的帽子，更在「戴」的連續與複合動作。例如，戴上「紅帽」等於邀來直覺衝動，這時候，也要伺機戴上「黑帽」抓扣幾個高戴著紅帽，蛇行超速的過頭份子。

換言之，De Bono 標示的戴帽子原則，很像我們東方創意思維的陰陽二元論，要陰陽調和、要收放得宜；當然此原則也很呼應筆者提出的以理性鑲嵌為前導的水平修辭概念，正如同「水平修辭分析創作座標軸」強調的，在「水平表現展軸」（X軸）上做水平修辭、創意自由開展之際，必須仍有從品牌理性出發與檢核的「品牌垂直基軸」（Y軸）當依歸。

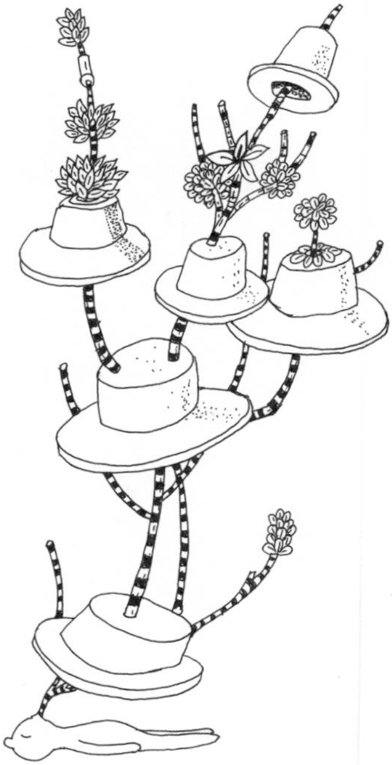

筆者把創意原則與 De Bono 六頂帽子的戴帽對應時機，甚至修辭辭格的引用時機。大致整理如下二大原則：

貼離常軌，又要放又要收

創意的操作，又要放手又要收心。例如戴上「綠帽」，要努力產製新穎點子的時候，一方面，若有樂觀的「黃帽」同行，陽光正向的激勵作用常能帶動創意的質量進化；但一刀二刃，過於樂觀常會背離現實，這時候，在很「放」之餘，冷靜全觀的「藍帽」這時候就上場來做「收」的映襯動作，一陽一陰、一收一放，創意在交相夾擊中最能迸出美好的火花或花火。

貼離產品，又要遠又要近

創意的執行，又要疏離又要貼近。例如戴上「紅帽」，要讓直覺、勇敢去衝動各種可能，且常是離開本質甚至本業愈遠愈好。例如筆者指導同學參加永和豆漿廣告設計賽事，畫面的主視覺盡量不要是一顆（或多顆）黃豆，也不要一杯白豆漿（無論是玻璃杯或碗裝，都無趣、失分）。要把場景拉到別的地方去，至少來一杯紅紅的西瓜汁或搬來一輛紅紅的消防車都比較有新穎獨特的態勢與線索。

當然，創意點子跳離太遠，要小心偏離重心或岔離主題，這時候，得回溯本質源頭或問題需求；亦即，除了戴上「黑帽」防範High過頭之外，更要重新戴上「白帽」進行回溯檢視訊息本質的動作，若對應於廣告創意執行，就是追求遠離跳脫之際，需回頭關照品牌的資產以及客戶的需求，而品牌鑲嵌是相當關照客戶、貼近品牌的動作，「先鑲嵌，再跳脫」這是筆者在業界工作以及學界教學常分享的個人創作習慣，連品牌名稱都鑲嵌進來了，還會被質疑不夠關照品牌嗎？

從六頂帽子的激發與收斂的並行，以及感性與理性的兼容，可看出水平思考是與理性的垂直思維一起同行的，特別是廣告乃品牌有目標的行銷說服動作。若沒有品牌優勢資產的理性鑲嵌，少了該有的帽子，這樣的水平思考是過於偏頗散亂的思考，對行銷效度與創意都不會有太大助益。

章四　水平修辭與兼格修辭

「兼格修辭」是指一則廣告文宣不僅只有一種修辭格，它可以使用兩種或多種的修辭格來達到最佳的廣告效果（王妙云，2002: 596）。所謂「兼格」是指：在一句話或一個句群裡有兩個以上修辭格搭配使用。修辭格的綜合運用方式，有三種類型：連用、套用和兼用。而更為常見的是幾種類型交叉、聯結的混和型。（王珩等，2012: 388）

「連用」是在一句話或一個句群裡，幾個修辭格連續使用。它有同一辭格連用者，也有不同辭格連用者。例如韓愈〈師說〉的孔子曰：「三人行，則必有我師。」是故弟子不必不如師，師不必賢於弟子。此例是「引用」（孔子曰：「三人行，則必有我師。」）連用「回文」（弟子不必不如師，師不必賢於弟子）。（王珩等，2012: 389）例如海倫仙度絲洗髮精的標題「美髮鋅概念，洗潤鋅主張」，前一句以「鋅概念」雙關「新概念」，接續的下一句又再次以「鋅主張」雙關「新主張」，就是同一辭格連用的範例。

至於「套用」則是當有些辭格「占有」較長的字面，於是其中又包含另一個或幾個修辭格。如：明星怕緋聞，政客怕醜聞，老百姓怕三斑家蚊（小不點〈金玉涼言〉，《聯合報》

92年3月12日38繽紛版）。此例整體形式為「排比」，部分形式為「類字」（怕），所以是排比套用類字。（王珩等，2012: 389）例如P&G子宮頸癌篩檢的標語「6分鐘，護一生」這超級短的篩檢時間，對比一生健康的時間長度，是運用映襯辭格的前後對比書寫。而其中，上下句都鑲嵌了數字進來（數字1與6）以便更具體強化映襯的鮮明強度。這就是在映襯辭格的發揮裡，套用了數字鑲嵌的具體強化。

最後，「兼用」是幾個辭格交叉、融合在一起，構成渾然一體的結構，既是此格又是彼格，換一個角度看，又是另一個辭格。如：一個渾身黑色的人，站在老栓面前，眼光正像兩把刀，刺得老栓縮小了一半（魯迅〈藥〉）「眼光正像兩把刀」這句，整體形式是明喻，整體內容是誇飾，所以是明喻兼用誇飾。（王珩等，2012: 390）

跟「兼格修辭」一樣，筆者提出的「水平修辭」不僅也是援用二種以上的辭格，更也一樣瞄準了創意巧思的默契，以及裝置了水平思考的複合修辭型態，只不過兩者之間仍有其差異。首先，一般的「兼格修辭」其兩種以上辭格的並用並無特別規範與原則。相較之下，筆者提出的水平修辭，較有階段性，以及擁有對品牌名稱與資產有更多的訴求策略關照。

例如全聯的標題「去糖 去冰 去全聯」，創思撰述的第一步是把「全聯」品牌名稱鑲嵌進來，寫成「去全聯」；然後，第二步才開始水平發散找關連與趣味，於是這三段詞素組合，有同樣詞素「去」的類疊，也押一樣的頭韻，兩個辭格交叉融合；然而，前面兩個「去」是去除之意，後面的「去全聯」的「去」卻是造訪、去訪之意，乃刻意巧適運用誤會的飛白修辭，或從那樣的去突然跳接到不一樣的去，又有跳脫的文趣；亦即，此文案，把押韻、類疊、飛白與跳脫四個辭格巧適的融合在同一書寫裡，就是兼用的範例。

Edward de Bono 提及，水平思考與天花亂墜之想最根本的差異是：它整個思想過程是在意志控制之下的。水平思想如果選擇渾沌，那也是有方向的渾沌，並非由於毫無方向的渾沌。要知道，從頭到尾，我們邏輯推理的能力都等著隨時去演繹、考量、剪裁任何萌生的新奇之想。（謝君白譯，1995: 8）

水平修辭分析創作座標軸

也正如同 Edward de Bono 所言，在新奇自由發想之際，仍要有邏輯推理一起潛行、護航，本專書提出的水平修辭分析創作座標軸（見圖 4-1），在引用、變換搭配其他的辭格、語法或系譜修綴變化之前，先固定啟動鑲嵌辭格，把品牌名稱、最重要的資產優勢或核心訴求鑲嵌在創作流程的前頭，是一種「先收斂後開放」以及「先貼近（產品）後跳離」的修辭態度與動作；換言之，是先理性垂直再感性水平的兩個階段歷程：第一階段，先從Y軸（品牌垂直基軸）出發，之後第二階段才在X軸（水平表現展軸）奔放開展自由的想像與組合，以及在最後仍要回頭檢視發散、分散在X軸的創作嘗試，特別是尾端、遠離基軸端的創意點子或文案撰述，確認是否已經偏離了品牌垂直基軸的規範。

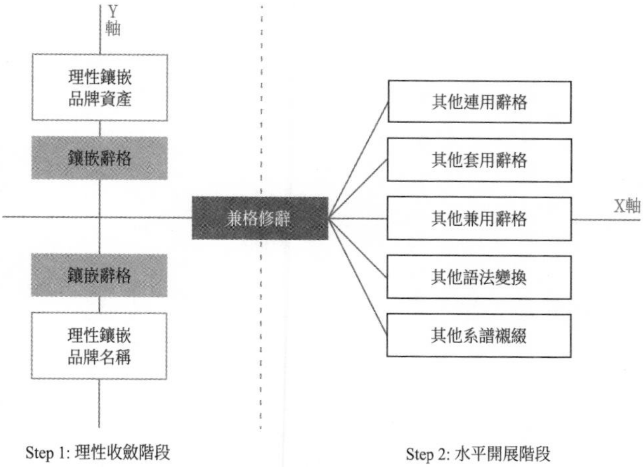

圖 4-1 水平修辭分析創作座標軸

章五　水平修辭與心智圖法

Tony Buzan 表示，心智圖是一種錯綜複雜的示意圖，它將腦細胞那種，觸角自中心延伸出去的結構呈現出來，隨著產生關聯的類型而持續演化（黃貝玲譯，2019: 23）。筆者提出的水平修辭分析創作座標軸，也是一種視覺化的概念圖串，特別是鑲嵌了創作前端常需注入的品牌名稱及其優勢訴求與利益訊息，同為中心往周邊不同方向的關聯去演化的示意圖。

只不過，筆者提出的水平修辭跟正規的心智圖仍有不少相異之處。首先，正如同之前單元介紹廣告公司在進行切概念作業時，因應每次對客戶提案固定三款的作業慣性，廣告創意相關心智圖的開展跟正統常見的心智圖有所差異，其從中央往四周開展第一層較粗的分枝時，粗枝的數量會頗有默契式的管控，大致維持三至四個粗分枝（或稱主幹），之後則聚焦在繼續延伸分出第二層、第三層等較細目的小分枝。其次，因筆者授課對象幾乎都是視覺傳達系或商業設計系的同學，他們大多具備一定的繪圖能力（含括上色），因而不一定需在水平修辭展軸上標記顏色。

心智圖法的樹狀結構與網狀脈絡，讓思緒的層次更為分明、更加結構化，也提升了邏輯與批判力。（梁容菁、孫易新，2015）；換言之，心智圖在幫助右腦水平創意激盪的同時，是可以同步兼顧理性的策略需求與論述邏輯。也因而心智圖法在諸多領域都受到引介與應用，光是市面出版品就有《心智圖神奇記憶國中英單 2000》、《讓 74 億人都驚呆的英文字首字根字尾心智地圖》、《民法：法科全彩心智圖表》等各領域的書書，其中《輕鬆寫作文：超效率心智圖詞彙》、《心智圖 fun 鬆學 Email 寫作好 easy》等書更是直接將心智圖與寫作串連在一起，例如《心智圖 fun 鬆學 Email 寫作好 easy》作者將寫作技巧錦囊「對象」、「主要需求」與「細節」三個步驟整理繪製成心智圖的三枝主幹（陳瑾佩，2013: 11）。

此外，在校園課堂的作文教學裡，也有諸多借力心智圖法的執行與成效。例如王怡蘋（2011）針對國中三年級資優班執行的心智圖寫作教學方案，除了在抒情文體上的聯想擴充能力並無顯著提升（但題旨重點與結構組織能力有增長），其他文體的表現都有顯著提升。至於蘇曼詩（2015）則是針對國中八年級國語文學習成就低落的同學將心智圖融入作文教學，結果無論興趣態度、創思能力、寫作技巧都有正面影響，把原有學生不愛寫（心理層面因素）與不會寫（寫作層面因素）的兩大問題都克服了。

而筆者類似心智圖的三枝主幹則是修辭、語法與符號。其實，光是修辭面向，當兩個以上的修辭辭格在推演、擴展其樹狀、放射狀脈絡時，若將其連串概念與書寫視覺化，其開展的樣貌就好像心智圖法的主幹、支幹在不斷地擴展其訴諸不同辭格的書寫；換言之，無論是水平修辭或者只是兼格修辭，其開展的串連書寫，都有著超級近似心智圖樹枝狀的脈絡開展。舉例來說，假設台北市文山區有個建案，要鑲嵌地理區詞素進來，並訴諸驚豔訴求，我們以「文山驚艷」此原型命名為中心去延伸與演化（如圖 5-1），此修辭辭格引導的命名書寫成果就很類似心智圖的開展動作與圖像呈現。只不過，筆者在每個撰述之間，多安插了引導節點的串連。

圖 5-1 裡的每個細目辭格，例如倒裝、藏詞等，都是類似心智圖枝幹開展的引導節點。例如「文山驚艷」遇到雙關辭格節點，於是雙關為「文山晶硯」；之後，接續遇到倒裝辭格節點，又把「文山晶硯」的語序改變、顛倒，變成「晶硯文山」；若再遇藏詞或節縮節點，也許又變成「硯文山」，再一個雙關節點，又變換成「宴文山」等等一直擴展下去的命名書寫。

筆者的水平修辭心智圖法跟一般心智圖的差異除了增加修辭刺激節點之外，還有也導入六頂帽子的回饋檢核機制，例如開展到很尾巴很岔離時，就要戴上「黑帽」抓扣幾個高戴著「紅帽」的過頭份子。例如圖 5-1 其中一條支線發想撰述了建案命名「文山青」，這仍可以辨識命名強調此建案是文山區鄰近綠山、綠地或公園的建案。但刻意透過類疊寫成的命名「文山文青」，此「文青」就離開了綠山綠地的加分要素。且因為「文青」的「青」是年輕人之意，而非青色，「文青」一詞會有框定、鎖定目標消費者為年輕人之嫌。

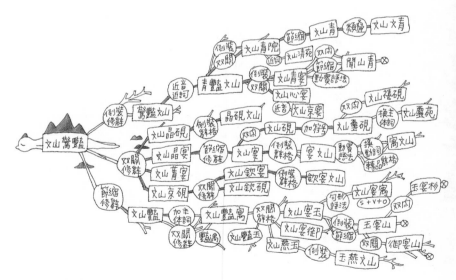

圖 5-1 鑲嵌文山地理詞素進來的模擬命名圖

註：以上建案命名為筆者自行試寫

章六　水平修辭命名座標軸

無論是在X軸或Y軸，水平修辭分析創作座標軸（見章四的圖 4-1）各個發想點子或文圖表現的激盪誕生，都是由各自導引啟動關聯的「引導節點」來催生新的命名。其中，除了原有的各類辭格，這排序前後顛倒的語法結構，其實以文學修辭對等看待，就是訴諸倒裝修辭。語文中特意顛倒文法上的順序的句子，叫做「倒裝」（黃慶萱，1997: 551）。為何要倒裝？顛倒文句的次第，使平板的言辭，去熟生新，既增強語勢，又變化常序，故能引人注意（黃永武，1989: 150）。

此外，透過倒裝，有時當動詞與名詞互相轉換時，則歸屬訴諸轉品修辭。一個詞彙，改變其原來詞性而在語文中出現，叫做「轉品」。「品」指的就是文法上所說的詞的品類（黃慶萱，1997: 177）。例如幫某房產建案命名時，將原有的命名「泊文山」倒裝成「文山泊」，前者之「泊」為動詞，後者則轉品為名詞。至於符號系譜，則是歸類為訴諸文學修辭裡的象徵修辭。「象徵修辭」是指通過某一特定的象徵體，以寄寓某種概念、思想和感情等意義。象徵體富有具體的形象、事象，可以使抽象的意義具體化，因此收到主動、感人的效果（陳正治，2009: 199）。

換言之，筆者提及的水平修辭除了含括兼格修辭，還特別納入語法結構與符號系譜，並由這三大類引導節點（見圖 6-1）來刺激、導航各種創意發想與書寫。這若對應於心智圖的開展，語法、修辭與符號正是從中央往旁邊分出去的第一層分枝，而修辭的細目類型以及語法結構的細目類型就是這些大型分枝上頭的節點。

圖 6-1 水平修辭的三大引導節點

關於水平修辭的創作運用，筆者在《水平修辭：以台灣房產建案命名分析與創作為例》論文裡（2019: 67-86）試著實際以此水平修辭分析創作座標軸來發想與撰述品牌命名。以下是摘錄自該文「水平修辭命名創作示範之一」，台中市北區綠園道旁的建案「櫻花青河」之水平修辭軸展圖（見圖6-2）以及步驟說明，在此提供參照：

步驟一：在Y軸；亦即品牌垂直基軸，延續建商原有命名的訴求重點，鑲嵌地理優勢符號「綠園道」進來當水平修辭的基軸出發點；或者，直接以現有名稱「青河」當基軸出發點。

步驟二：首先，將「青河」此多音節語法結構拆解成一一結構：「青」＋「河」；亦即，先預知每個單詞都可以變換、開展；例如「青」可以轉換成「菁」，「河」也可以替換成「川」、「溪」、「流」等。

步驟三：在X軸；亦即水平表現展軸，透過辭格節點或語法節點或系譜節點來引導、增添命名創作的新穎方向。例如命名「沐青河」經過雙關辭格節點，生成新命名「慕青河」；例如「綻青河」經過倒裝辭格節點，利用語序的顛倒生成新命名「青河綻」；也例如「綻青河」經過語法節點，添增主詞進來（或稱鑲嵌辭格），生成新命名「櫻花綻青河」成為完整的句型結構：櫻花（S）＋綻（V）＋青河（O），添增命名的敘事、劇情的完整性。

在這裡額外補充的是，水平修辭分析創作座標軸的套用，特別是在創作上多了一個回頭向Y軸品牌資產（特別是建商信譽）與訴求策略對照與檢視的階段，也就是所謂的步驟四。

步驟四：要回頭檢視發散、分散在X軸的命名嘗試，特別是尾端、遠離基軸端的命名，是否偏離了垂直基軸的規範，例如建案命名「菁禾」已經偏離了強調「臨近綠園道」的訴求策略重點，此時標記「⊗」就是提醒發想已經過頭、關聯過遠過淡了，宜往品牌核心資產與真正需求端靠攏回來。

不過，以上介紹的水平修辭分析創作座標軸，只是還停留在筆者針對房產建案命名的個人自我研究分析與創作的階段，若應用於教學上，同學在幫命名做發想撰述時，是否能發揮引導與激盪的作用，還待更多演練操作來引證。

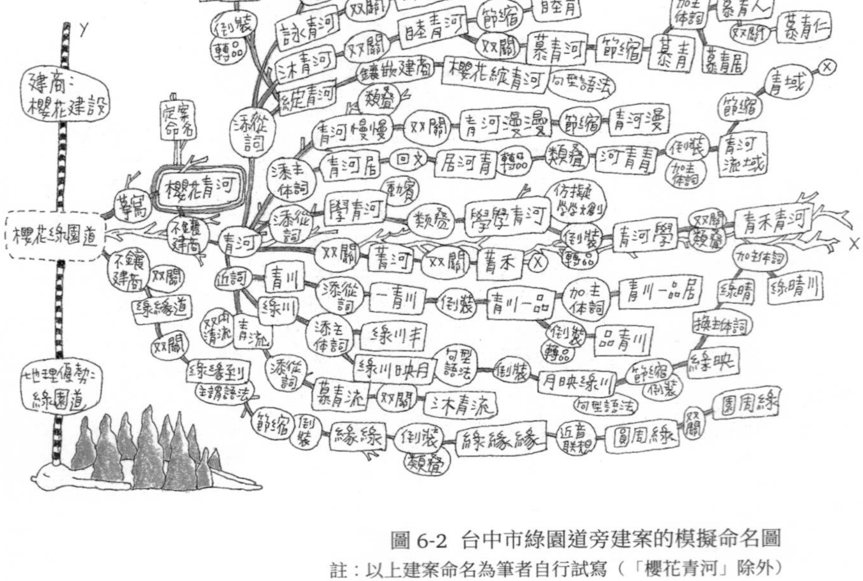

圖 6-2 台中市綠園道旁建案的模擬命名圖

註：以上建案命名為筆者自行試寫（「櫻花青河」除外）

章七　水平修辭的細目辭格

水平修辭分析創作座標軸的引用與奏效，相當倚重的是有許多修辭辭格在擔綱著各個開展路徑實用的引導節點，接下來在這邊引介、補充幾個筆者認為常用的修辭辭格，且在引述時，也會額外交代一下該細目辭格跟水平修辭的關聯。

此外，如同水平修辭的狀似減分再加分的操作特質與開展個性，細目辭格介紹的出場排序，也是先理性後感性。最先引介的是狀似減分的領跑辭格：鑲嵌辭格與仿擬辭格。之後則是在後頭壯實加分的接棒辭格：雙關辭格、轉化辭格、轉品辭格、譬喻辭格、映襯辭格、倒反辭格、跳脫辭格、飛白辭格、移覺辭格、示現辭格、象徵辭格、借代辭格、藏詞辭格、設問辭格等。

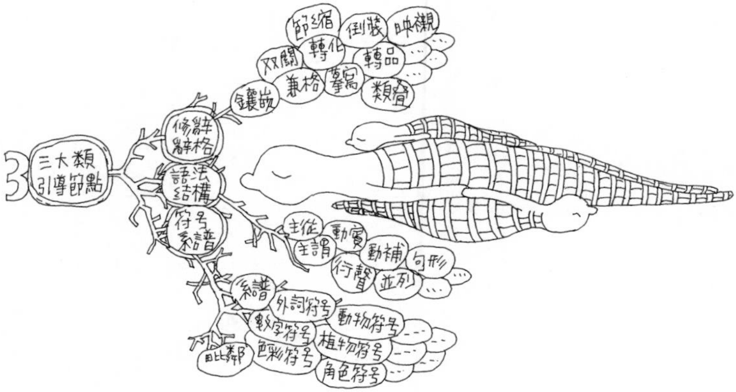
3
三大類引導節點
修辭辭格
語法結構
符号系譜
節縮
倒裝
映襯
双關
轉化
轉品
鑲嵌
兼格
摹寫
類疊
主從
動賓
主謂
動補
句形
衍聲
並列
系譜
外詞符号
動物符号
數字符号
植物符号
色彩符号
角色符号
毗鄰

鑲嵌辭格與水平創意的優勢關聯

在詞語中，故意插入數目字、虛字、特定字、同義或異義字，來拉長文句的，叫做鑲嵌（黃慶萱，1997: 295）。此定義裡插入的「特定字」是本專書除了特別強調複合應用二個以上辭格的兼格辭格之外最大的重點；亦即，強調在複合運用各辭格之前更要先做好關照品牌的理性鑲嵌動作；換言之，鑲嵌的特別字就是品牌相關的關鍵詞素，例如品牌名稱、核心技術、優勢利益等重要的品牌資產、訴求重點等。

因為廣告創作是具有行銷目標、商用功能的創作型態，基於商用考量，有些詞彙、圖像等元素不僅必須鑲嵌在創作裡頭，甚至整個書寫或圖像創作幾乎都是由此鑲嵌元素去開展。本書強調的水平修辭分析創作座標軸，這理性的、很關照品牌的修辭動作就是品牌資產的鑲嵌動作、是創作水平擴展之前必須先打底好、關顧好的部分。

額外需補充的是，品牌資產鑲嵌是水平修辭分析創作座標軸的超級理性要角，是關照品牌、看重客戶的Y軸代表；然而，鑲嵌辭格的功能不僅於此，其他類型的鑲嵌，例如特定字鑲嵌、數字、色彩、動植物、角色等具體符號的鑲嵌等，甚至隨機擇定的符號或詞素鑲嵌，卻是水平擴展或文筆添彩都很能幫上忙的狠角色（見圖 7-1）。

換言之，關照品牌與發揮創意，鑲嵌都是實用的核心要角。這也是本專書的副書名是「以鑲嵌修辭為前導的文本分析、教學與創作」之因。先以鑲嵌做理性打底，之後再動用水平思維與兼格修辭（含括各種符號詞素的巧適鑲嵌）的複合作用，這就是水平修辭的大致內容與要領。

除了品牌名稱與數字，外來語詞也是鑲嵌的常客，特別是要標示該品牌有外來血統之際，更常安插此類語素進來。例如加賀屋廣告裡的標題「104 年不曾怠慢の堅持」（見圖 7-2），除了鑲嵌悠久的歷史數字進來，還額外邀來日文語詞「の」，僅管其為虛詞，仍讓日式和風的氛圍更為確定與濃重。

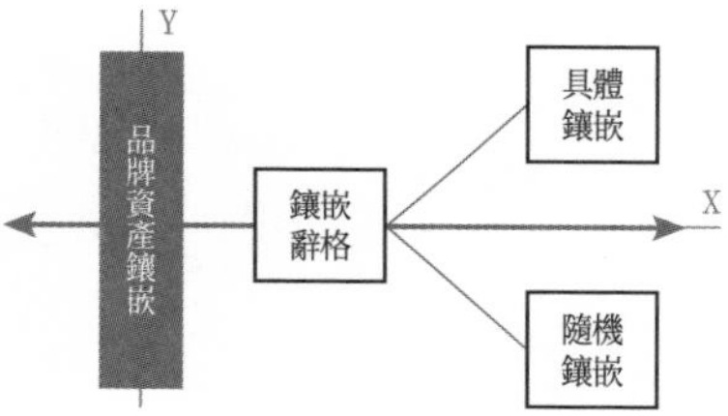

圖 7-1 鑲嵌辭格在水平修辭座標軸的水平拉扯關聯

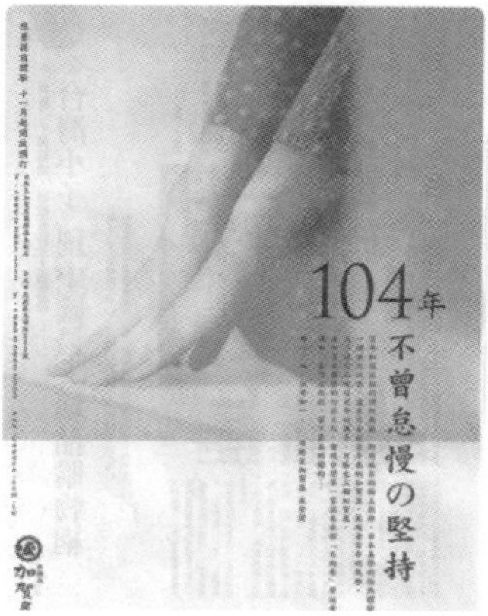

圖 7-2 廣告主：加賀屋

切概念鑲嵌附圖

（此二概念說明之前出現在筆者著作《廣告文案：創思原理與寫作實踐》）

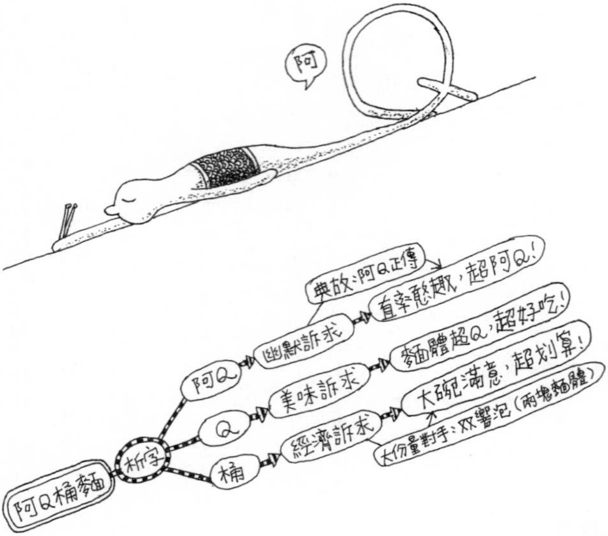

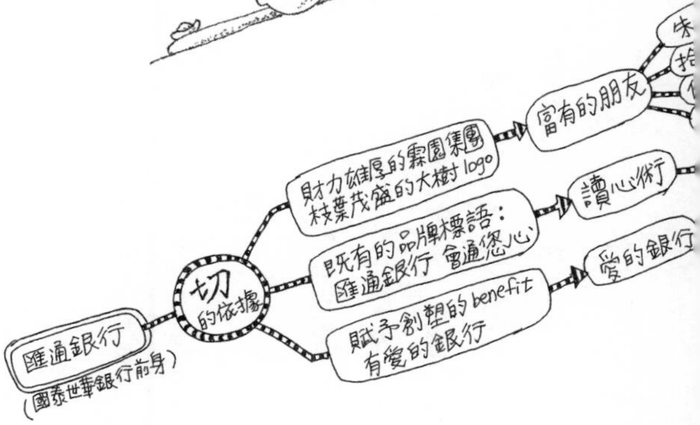
匯通銀行
(國泰世華銀行前身)
切
的依據
財力雄厚的霖園集團
枝葉茂盛的大樹logo
富有的朋友
既有的品牌標語：
匯通銀行 會通您心
讀心術
賦予創想的benefit
有愛的銀行
愛的銀行

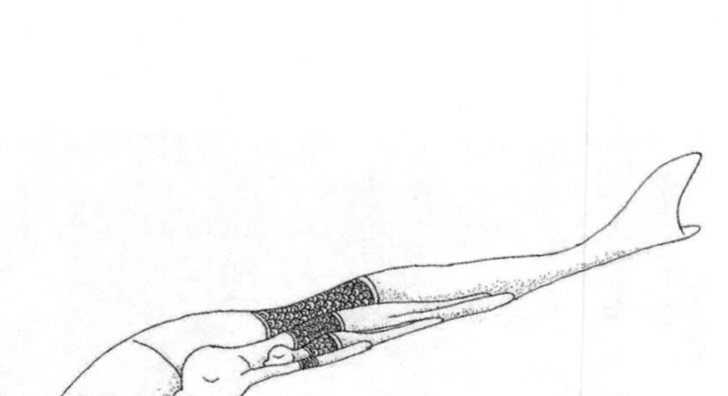

押韻對偶與水平創意的優勢關聯

相信不少人會認為押韻與對偶是相當傳統甚至有些過時嫌疑的修辭招式，但其實不然，若以水平修辭座標軸的理性基軸與水平展軸兩個面向來看，筆者將之放在理性Y軸，是跟品牌資產鑲嵌一樣，很能以之為出發的基點（見圖7-3），甚至將之歸類為重要鑲嵌之一——押韻修辭可視為同樣韻腳的鑲嵌，而對偶修辭則可視為上下對句所需同樣詞素的鑲嵌。當然，押韻與對偶絕對是兼格修辭的細目辭格之一，只不過，在撰述文案時，特別是標語或標題的書寫，常會以品牌資產的品牌命名為押韻與對偶書寫的起始點，例如大華證券的標語「擁抱大華　迎向榮華」即是先鑲嵌品牌名稱進來，再開啟其相關韻腳的書寫；同樣地，美國運通卡的標語「美國運通卡，出門別忘它」也是鑲嵌品牌名稱之後再覓尋同樣韻腳的書寫。

品牌資產鑲嵌，再加上押韻對偶之餘，再利用其他創意聯想或修辭、符號等，常就能完成不賴的創新書寫。例如統一冰之戀芒果口味冰淇淋的標題「不在乎沒有結果，只在乎沒有芒果」（見圖7-4），其創作發想路徑，應是先考量、鑲嵌品牌資產「芒果」進來，然後找到、聯想到與「芒果」韻腳相同的「結果」，最後去組構對偶句型時，又聯想到可仿擬知名語句「不在乎天長地久，只在乎曾經擁有」，進而完成該仿擬書寫。

換言之，文案撰述的進程常可以這樣：首先，運用資產鑲嵌，把文案的論述主角確立下來，接下來，利用押韻對偶，找到對應的詞素，進而撰述與之呼應的上下句。這是有趣的，在保持住韻腳的守則去聯想、開展撰述時，是又理智又感性；換言之，在座標軸上，是又垂直又水平的態勢與動作。

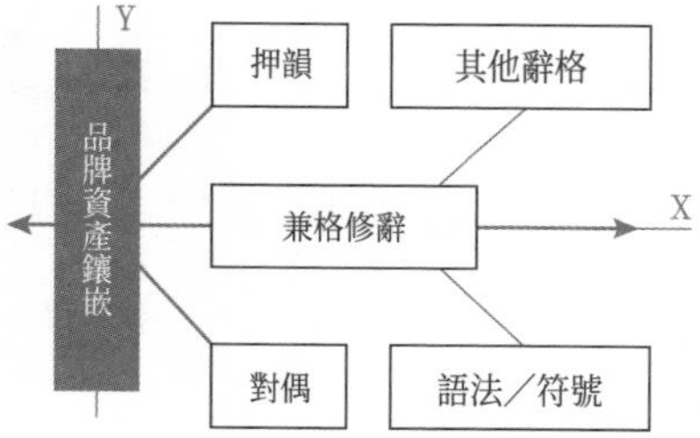

圖 7-3 押韻對偶在水平修辭座標軸的水平拉扯關聯

圖 7-4 廣告主：統一冰之戀

仿擬辭格與水平創意的優勢關聯

仿擬是對前人作品的摹仿（黃慶萱，1997: 71）。為了使語言引人注意，或者具有風趣、嘲諷的特色，故意模仿已有的詞、語、句、段、篇的形式，創造出內容不同的新語文出來。這種修辭手法，就是仿擬修辭法（陳正治，2009: 74）。

從定義來看，仿擬的動作其實可分兩個層面，第一、是模仿借料的部分，第二、是模仿創新文、創新意的部分，這第二個層面很重要，若缺了，就只是單純偷懶式的仿摩，文學性質與美感價值就降格多了。而水平思維的發揚就在仿舊的故有圓素與創新的添增元素之間拉扯擺盪。（見圖 7-5）

筆者之前有強調，水平修辭與兼格修辭的不同點，除了在於其發想與撰述有「先理性鑲嵌再複合發散」的階段性動作；此外，另個不同點就是水平修辭有先減分再加分的創作態勢與流程。而「仿擬」此跟「原創」相比，似乎有減分弱勢的修辭辭格，算是文學辭格當中，與鑲嵌辭格一樣具有看似減分動作的修辭應用，這也是筆者在廣告文案或設計課堂裡，偏愛同學演練的辭格，有一點點故意安排讓跑、輸陣的儀態，之後翻盤時，其成就不輸原創。

從定義來看，仿擬的動作其實可分兩個層面，第一、是模仿借料的部分；亦即，固有必須複製的部分（否則就不叫仿擬了）。第二、是模仿創新文、創新意的部分，這第二個層面其實更重要，若缺了，就只是單純偷懶式的仿摩，文學性質與美感價值就降格多了。

例如媚登峰的得獎作品（見圖 7-6），其標題「女人可以老，不可以胖」相當令人側目，提出的新觀點不僅具有話題爭議性，也飽含幽默調性。而其實該作品之精采絕不止於此押了尾韻的標題，更在於其仿擬知名電影《第凡內早餐》（Breakfast at Tiffany's）的經典劇照。畫面原來是已故女星奧黛麗赫本漂亮的背影，同樣手上拿著食物，同樣的髮型、服裝、墨鏡、長手套與珍珠項鍊，差別就是身影變胖了不只一些些。創意趣味性的仿擬讓此充滿巧思的作品令人會心一笑。

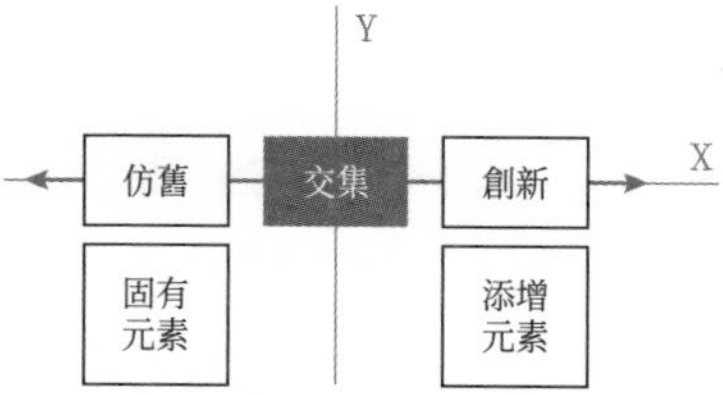

圖 7-5 仿擬辭格在水平修辭座標軸裡的水平拉扯關聯

圖 7-6 廣告主：媚登峰

雙關辭格與水平創意的優勢關聯

一語同時關顧到兩種事物的修辭方式，包括字義的兼指，字音的諧聲，語意的暗示，都叫做「雙關」（黃慶萱，1997: 304）。許多廣告的核心創意都是先從「雙關」的巧思裡萌芽、綻放開來。

筆者無論在廣告公司或廣告課堂，檢視同仁或同學的作品時，最快給文字或畫面嶄新建議幾乎都是借力於「雙關修辭」。筆者也常跟同學提醒，如果你在發想作品概念時，你的文案或者畫面，若有雙關，基本上就已經有得分、有機會了。甚至，筆者會在一堂課裡請同學單一來演練文字上或圖像上的雙關。因為演練雙關等於就是在演練、在開展水平腦袋。正如同其定義所言，同時關顧兩個事物、同時傳述兩個意涵，標準的把單一固定的意涵往不同意涵、不同方向創塑更多的意涵，等於就是在X軸上水平發想出帶有彼此不同意涵的點子。（見圖 7-7）。

雙關，是意涵雙關的展示。而如何發揮雙關的巧思韻味與效果，幾乎就是創意人員功力高低的驗收。其實這功力驗收就好比押韻對偶或鑲嵌，牽強就敗了，如何達到自然巧適是核心重點。就好比白鴿柔軟香衣精的廣告裡（見圖 7-8），漂亮的創意主要來自一輪高掛的襪子雙關著隨風開展的花朵，兩個近形物體很自然的融合在一起，一點也沒有人工特效的牽強。筆者常把平面廣告表現簡約視為「有份量的一個圖像和一句話」，而當這個圖像具有雙關意涵時，儘管文案還沒細目檢定，主視覺的「份量」大致就很接近過關狀態了。

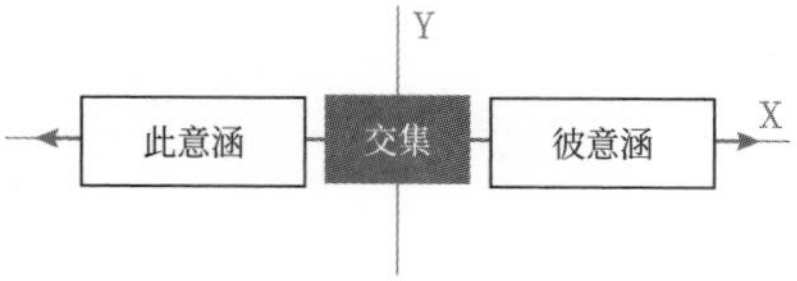

圖 7-7 雙關辭格在水平修辭座標軸裡的水平拉扯關聯

圖 7-8 廣告主：白鴿柔軟香衣精

既要拉大衝突，又要貼近和諧

意涵既要那樣，又要這樣。雙關修辭的引用，主要是借力於可以醞釀、產製雙重甚至多重意涵所需的元素，而這些元素的特質就是，第一、需要有差異性甚至最好是對立性，第二、這些對立元素在對立之餘，又要一起相融相佐，共同表意。

海尼根啤酒廣告作品裡的主視覺就是漂亮運用雙關修辭的範例（見圖 7-9）。巴西里約耶穌山上的主視覺，既是耶穌十字像又是大型的開酒器。這跟原來神像顏色、質地、材質相差甚多的開酒器，因為不同的對比性夠高，而讓雙關的結合充滿張力。

但很重要的，就如同陰陽原理（Ying-Yang Principle），陰陽不能只是對立、分立，更重要是把這看似相斥相背的元素自然、巧適的融合在一起。此外，相關的交集，在比例上也需拿捏好主輔、多寡之別。

我們另以 Aquafresh 牙刷的廣告為例（見圖 7-10），此作品的巧妙之處，也是主要根基在雙關修辭。那頭髮不僅是頭髮，更是牙刷的刷毛；相對地，那身體也不僅是人的身體，更象徵著牙刷的刷柄。

圖 7-9 廣告主：海尼根啤酒

圖 7-10 廣告主：Aquafresh 牙刷

交集愈小愈妙，對比愈強愈好

前頭論及雙關的「巧適」時，提到這交集、雙關的比例原則就是：雙關的要角，一定要有主有輔、有進有退。過於平分秋色的比例會礙了、呆滯了雙關意涵的流動。我們回頭看一下海尼根啤酒的廣告（見前圖 7-9），其主視覺既是開瓶器，又是耶穌十字雕像，雙關固然能原有的視覺與表達多了層次；然而，其更大的得分點在於原有的神像完全被開酒器取代，而這完全的取代，原有神像完全的隱退，是雙關修辭能否漂亮出眾的核心關鍵。

Aquafresh 牙刷的廣告也是一樣（見前圖 7-10），真正產品的身體（刷柄）並沒有出現在主視覺畫面裡；亦即，牙刷的刷毛與刷柄，人體的髮型與整個身體，這共四個單位元素，在組構、演繹雙關時，比例上不能太均衡，反而要有主有輔、強弱分明。例如，原本面積比刷毛還大的刷柄反而完全隱沒，讓小小的刷毛髮形顯得更有巧思與精鍊。

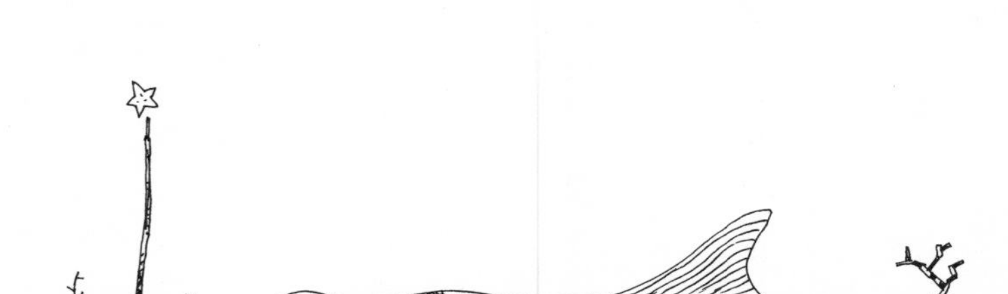

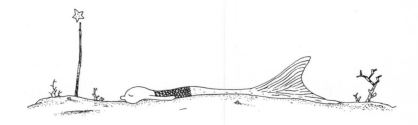

轉化辭格與水平創意的優勢關聯

描述一件事物時，轉變其原來性質，化成另一種本質截然不同的事物，而加以形容敘述的，叫做「轉化」（黃慶萱，1997: 267）。廣告創作其實就是在追求一種截然不同的表現方式與截然不同的閱讀觀感，也難怪「轉化」此動作幾乎就成了創意的代名詞。

換言之，檢定作品的創意性，常就是在檢定其轉化動作的深淺程度與巧妙適切與否。轉化是相當典型的水平修辭辭格，因為在應用轉化辭格的當下，也等同同步應用了雙關辭格。因為轉化的動作一定含括著原來性質與轉化後的嶄新性質；換言之，就等同雙關辭格的定義——同時關顧到兩種事物。例如把眼睛轉化成窗戶，這眼睛或窗戶也同時有了雙關的辭格應用——又是眼睛又是窗戶。而作品演繹的精彩就在原性質與新性質之間的交集與轉換間醞釀誕生（見圖 7-11）。

轉化的水平作為，最明顯就是轉變前後對照，截然不同的性質改變，最常應用的即是從無生命的產品轉化成生氣盎然的人物或動物，例如固特異輪胎廣告裡的輪胎（見圖 7-12）轉化為充滿生命生動、擺動的鱗片。

筆者個人超級偏愛訴諸轉化辭格，因為轉化辭格的類型與精彩甚多，只是限於篇幅無法更詳細目介紹，若以廣義定義看待，這大原則引介的圖 7-11 是仍有其偏誤的，例如人沒喝某種飲料，動作慢得像熊貓，喝了則壯得像蠻牛，這人類與動物的轉化都是有生命的元素在切換；同樣地，犀利的鉛筆轉化成戰機掛載的導彈，兩者都無生命，也是在做轉化。

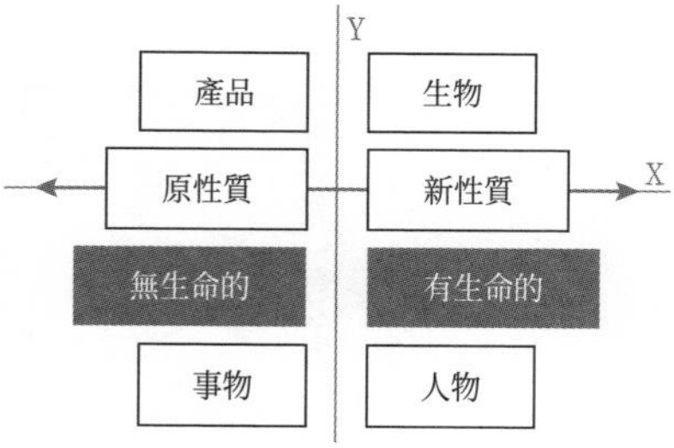

圖 7-11 轉化辭格在水平修辭座標軸裡的水平拉扯關聯

圖 7-12 廣告主：固特異輪胎

轉品辭格與水平創意的優勢關聯

一個詞彙，改變其原來詞性而在語文中出現，叫做「轉品」。「品」指的就是文法上所說的詞的品類（黃慶萱，1997: 177）。例如有人數落對方「你少婆婆媽媽了！」或「你少機車了！」這句子裡的「婆婆媽媽」以及「機車」都是由名詞「轉品」為形容詞來使用。同樣地，這個人「很阿Q」或「很公主」或「很瓊瑤」等描述，都是將名詞轉當形容詞。

轉品的「轉」之動作，例如名詞轉動詞，其實代表著轉之前與轉之後兩個不同的詞性，這類似雙關的功效不僅讓廣告創作，例如命名，添增了撰述的素材以及解讀的趣味，也等於認證了轉品辭格擁有水平思維的特質與能耐。只不過，跟雙關不同的是，轉品不只是呈現兩個不同的意涵，更是連詞性、詞的品類都改變了。而這連品類都予以改變、推翻的動作，其決定與執行當然是很水平右腦思維的實踐（見圖 7-13）。

日出土鳳梨酥明信片右下角四個字「絕不冬瓜」就是相當漂亮的轉品文案（見圖 7-14）。這「冬瓜」原是名詞，但當其他大多數業者的鳳梨酥用較便宜的冬瓜膏與鳳梨香精混充鳳梨內餡，「冬瓜」一詞於是變成了等同於「混充」或「欺騙」的動詞，而「絕不冬瓜」不僅比「絕不欺騙」可愛多了，而且還直指產品屬性與對手缺失，算是相當漂亮的轉品示範。

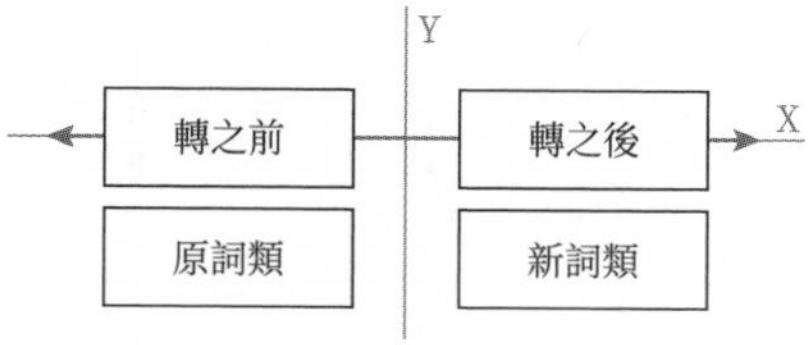

圖 7-13 轉品辭格在水平修辭座標軸裡的水平拉扯關聯

圖 7-14 廣告主：日出土鳳梨酥

譬喻辭格與水平創意的優勢關聯

譬喻是一種「借彼喻此」的修辭法，凡二件或二件以上的事物中有類似之點，說話作文時運用「那」有類似點的事物來比方說明「這」件事物的，就叫譬喻（黃慶萱，1997: 227），換言之，一個譬喻動作的落定完成，是既有「彼」又有「此」，屬於很標準款的水平創意開展。至於「譬喻」的辭格，是由「喻體」「喻依」「喻詞」三者配合而成的。所謂的「喻體」，是所要說明的事物主體，所謂「喻依」，是用來比方說明此一主體的另一事物；所謂「喻詞」，是聯結喻體與喻依的語詞（黃慶萱，1997: 231），換言之，一個「譬喻修辭」的成形，以及類型的長成，端視此三個詞素之搭配與構成。

廣告創意人員常常需要展示其「打比方」，亦即適切漂亮舉例或替代說明的功力，少了譬喻之助力，訊息的說服力道或生動巧妙勢必削弱不少。這「喻體」與「喻依」兩個不同事物的關照與交集，是很水平修辭的應用現象（見圖 7-15），也難怪巧妙的比喻，遠比長篇大論更能釐清文意與引人入勝。

廣告裡常見的譬喻應用是文圖一起出力，共同來完成。例如 Sony CycleEnergy 充電器的廣告（見圖 7-16），其文案「無限重生」並無特別犀利之處，但搭配著圖像來看，絕妙的譬喻便應運而生。此系列廣告把充電器讓電池不斷重生的概念轉喻成蜥蜴尾巴以及海星腕足的再生本能，讓「再生」此訊息重點充滿了視覺畫面與創意趣味。

若對應於喻體與喻依的對應概念，無限重生的電力是喻體，而蜥蜴尾巴以及海星腕足則是活跳貼適的喻依。

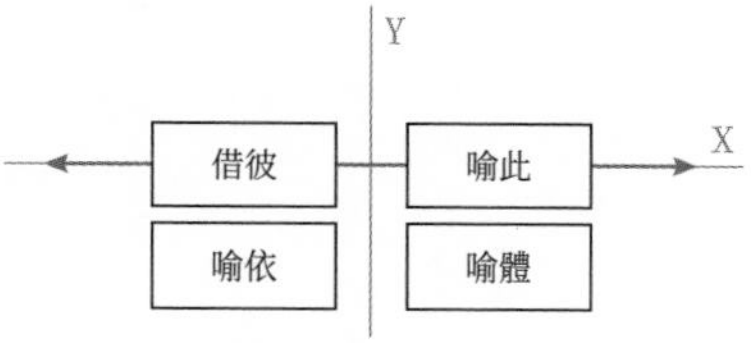

圖 7-15 譬喻辭格在水平修辭座標軸裡的水平拉扯關聯

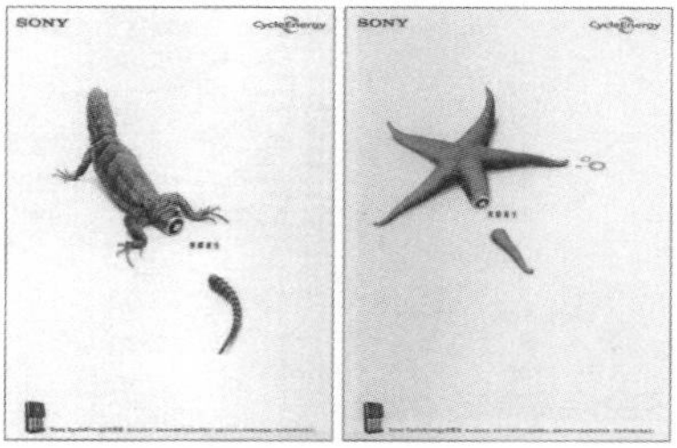

圖 7-16 廣告主：SONY 充電器

映襯辭格與水平創意的優勢關聯

在語文中，把兩種不同的，特別是相反的觀念或事實，對列起來，兩相比較，從而使語氣增強，使意義明顯的修辭方法，叫做「映襯」（黃慶萱，1997: 287）。「映襯」這個相反相對立的概念，常是廣告圖文表現相當倚賴的創作技巧，無論構圖、文案甚或圖像等，都常借力於映襯的意涵增強效果。

例如，白紙上點了個大黑點，黑點就突現出來；黑紙上點了個大白點，白點也最明顯。使用映襯修辭法跟這個現象相同，由於兩面對比或以賓襯主，因此可以使要表現的語意突出，給人鮮明的印象（陳正治，2009: 60）。以上的「映襯」描述，其實指的是畫面；換言之，不只是文案，設計裡也可能蘊藏著相當多的「映襯」手法，而這些「賓」與「主」都是找相反相對立的彼此來達成水平思維的實踐與發揮（見圖 7-17）。

不僅是文案本身的撰述、圖像的呈現甚至整張作品的構圖，映襯的相對力量常都能幫忙放大作品的能量。就好像 SMIRNOFF 的廣告（見圖 7-18），瓶子裡頭與瓶子外頭，就跟喝酒前與喝酒後一樣，是截然不同的世界；換言之，酒瓶成了想像、變換甚至脫俗的動詞。

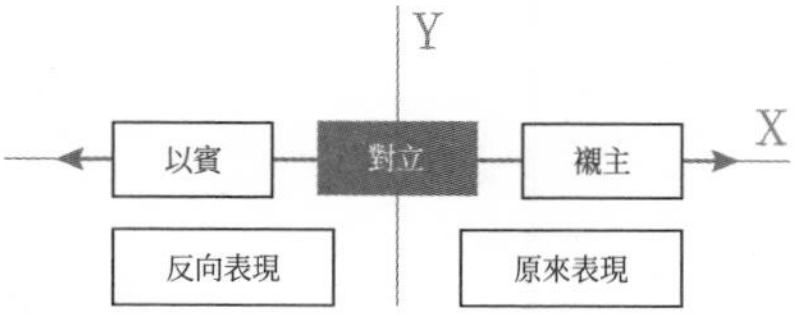

圖 7-17 映襯辭格在水平修辭座標軸裡的水平拉扯關聯軸

圖 7-18 廣告主：SMIRNOFF

倒反辭格與水平創意的優勢關聯

「倒反」是「反諷」的一種。反諷指表象和事實的對比。包括：表面上講的是一件事，骨子裡指的是另外一件相反的事；以及事與願違的矛盾事實。（黃慶萱，1997: 321）。例如〈珠璣集〉的「固執也有好處：明天的想法，今天就知道了」，明知固執的「缺點」是容易僵在同一個思維裡，走不出去；然而，卻以「倒反修辭」故意反諷說是個「好處」，把每天思想沒進展、都一個樣視為優勢。若少了倒反的助力，固執的極端偏執就沒那麼到位。

廣告創作為了新穎獨特的表現，常需做逆向思考、跳離邏輯的動作，而「說反話」就是其中一個不錯的實踐方式，人們總是這樣，習以為常的敘述方式不容易引人入勝，顛覆一下次序，透過「倒反」的創思動作，作品的新意便誕生了。而創作撰述不順著正規邏輯、常見方向跑，這倒著、逆著的動作，以及原調與諷調的對向切換就是很標準款的水平思維與修辭動作（見圖 7-19）。

「倒反」的動作，本身就是種逆向思考的實踐，是很創意導向的動作。創意總是這樣，要就很用力、很誇張、很盡興，不然，若缺了火喉，不夠到位，該創意動作其實就等同一般動作了；換言之，既然擇定了這個逆勢而為的動作，「倒」或「反」的動作就要做大一點、徹底一點。

例如LP33機能優酪乳的廣告（見圖7-20），從主視覺到主文案「每次換季，你家小孩總是最早知道」，都是很道地貫徹「倒反」的動作。首先，反向仿擬知名流行品牌Benetton廣告圖像表現慣有的色彩繽紛鮮麗，讓生病難受的氛圍更加唐突諷刺；其次，以反諷的口吻來說反話，「讚美」你家裡具有過敏性體質的小孩有先見之明。

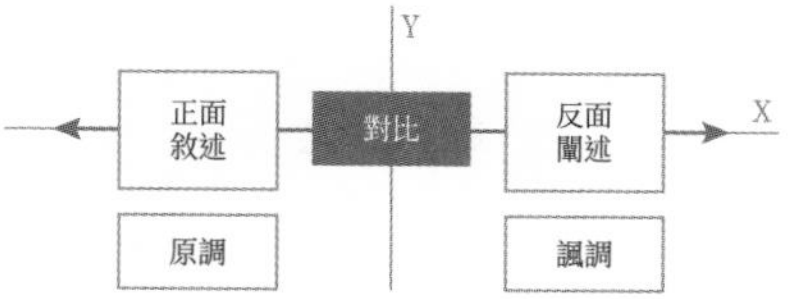

圖7-19 倒反辭格在水平修辭座標軸裡的水平拉扯關聯

圖7-20 廣告主：LP33機能優酪乳

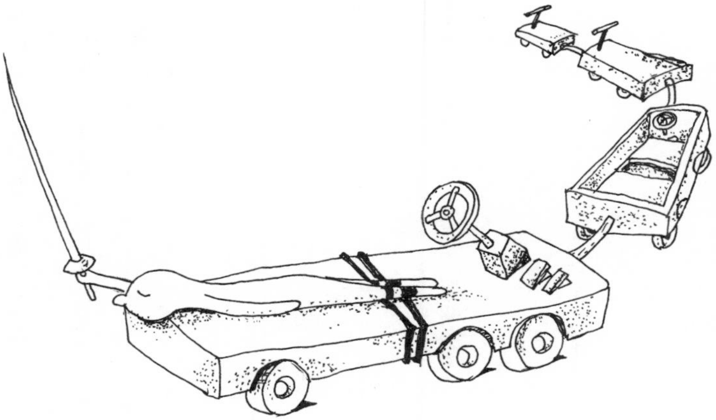

倒裝辭格與水平創意的優勢關聯

語文中特意顛倒文法上的順序的句子，叫做「倒裝」（黃慶萱，1997: 551）。為何要倒裝？顛倒文句的次第，使平板的言辭，去熟生新，既增強語勢，又變化常序，故能引人注意（黃永武，1989: 150）。

筆者在本書另一個專門探討房產建案命名的《房開柿》篇章裡，遇到許多建案命名都會運用倒裝來新穎、豐富原有的書寫。畢竟一般品牌命名用字相當簡短，為了有更不一樣的變化，倒裝便成了實用的修辭或語法利器之一。例如台北市南港區的建案「左岸巴黎」，乃倒裝「巴黎左岸」而來，雖然四個詞素一模一樣，但序列不同，語感也就不同。而透過序位變換與原有排序書寫的對照差異，水平力量就能顯現出來（見圖 7-21）。

同樣地，智威湯遜的廣告（見圖 7-22）要強調該公司創意文化與能量的與眾不同，既然，標榜「奇怪」，那把詞素的排序顛倒過來，變成「怪奇」，正是標準的水平發散之創新思維演繹。

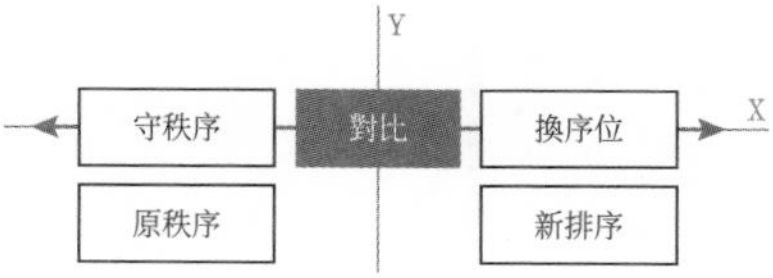

圖 7-21 倒裝辭格在水平修辭座標軸裡的水平拉扯關聯軸

圖 7-22 廣告主：JWT

跳脫辭格與水平創意的優勢關聯

由於心意的急轉，事象的突出，語文半路斷了語路的，叫做「跳脫」（黃慶萱，1997: 565）。這「跳脫」動作的成立，必須先有原本的敘事風格與內容，然後半路再伺機跳脫出另一種不同的風格與內容出來。

儘管「跳脫」的動作意味著、蘊含著諸多創意巧思在裡頭，但這種峰迴路轉的優勢有其展現、經營的侷限條件，那就是需要有上下句或上下劇情，畢竟，沒有前面的內容，就沒有跳脫的對照基礎；換言之，跳脫辭格的應用與演繹根本就是水平修辭的實踐，因為此類書寫正是先正常、理性書寫，之後再半路突然岔開、跳開，以理性常軌與感性脫軌來共構其書寫（見圖 7-23）。

我們來看統一冰之戀的廣告（見圖 7-24），其標題很剛好見證了水平修辭的複合應用境況與相貌。首先，上下句都是押ㄧ尾韻，自然可歸屬「押韻修辭」；此外，第一句「談戀愛要嘛就用全力」，這鑲嵌虛字「嘛」進來，一來讓文案的調性充滿青春俏皮，是漂亮的「鑲嵌修辭」；二來夠口語，又算訴諸「存真修辭」。至於畫面裡的武士、城堡、火龍等熟悉劇情與符號，意味著「象徵修辭」也派上了用場。但，個人總結，此廣告最漂亮的得分點在於正經強調「用全力」的下一句，馬上轉調、轉性為「用巧克力」，調性突然峰迴路轉，上下句對應起來，從用心用力瞬間跳脫到西洋零食，充滿著無厘頭式的創意與趣味，亦即漂亮啟動了「跳脫修辭」。

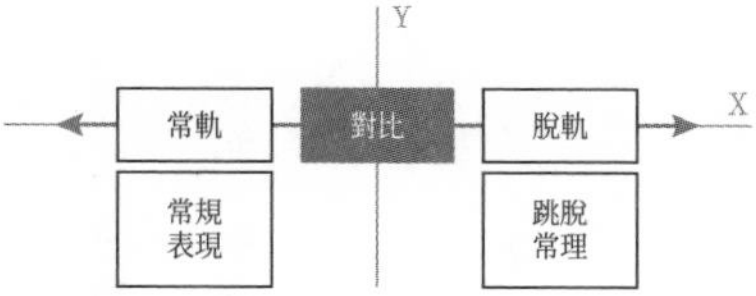

圖 7-23 跳脫辭格在水平修辭座標軸裡的水平拉扯關聯軸

圖 7-24 廣告主：統一冰之戀

飛白辭格與水平創意的優勢關聯

把語言中的方言、俗語、吃澀、錯別，故意加以記錄或援用的，叫做「飛白」。所謂「白」，就是白字，也就是別字（黃慶萱，1997: 137）。妥切應用飛白修辭法，由於跟一般的語言規則不同，吸引人注意，反而收到語文情趣的效果。例如一個小孩子「ㄣ、ㄥ」不分，把「踩到牛糞，吃了一驚」，寫成「踩到牛糞，吃了一斤」，不是製造了語文的趣味嗎（陳正治，2009: 214）？而廣告表現，特別是訴諸幽默訴求時，特別常會借力於「飛白修辭」的詼諧效果。

跟跳脫辭格一樣，都是刻意的轉離、岔開，也都是因為這刻意動作而有了新的意涵與效果。刻意的動作，就像天外飛來一樣，其動作對照一般常規、慣性的動作，很不一樣，而這既有「原意」又有「故意」的趣味組合書寫，就是水平思緒或水平修辭發揮的時機（見圖 7-25）。

「飛白修辭」的趣味主要滋生在文圖對照的境況下。例如飛時酷廣告（見圖 7-26）的標題「別裝蒜！Frisk 幫你出口氣」裡頭就夾帶著兩個故意的「會錯意、表錯情」。首先，這嘴巴有蒜味，並不是真的叫做「裝蒜」（意指不懂裝懂）；其次，幫你的嘴巴吐氣清新，也不是「出口氣」（意指幫人打抱不平）。

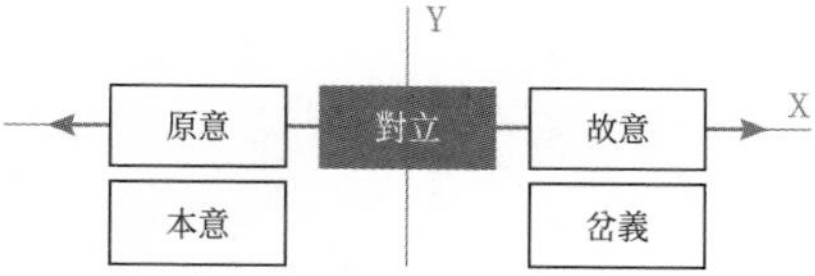

圖 7-25 飛白辭格在水平修辭座標軸裡的水平拉扯關聯

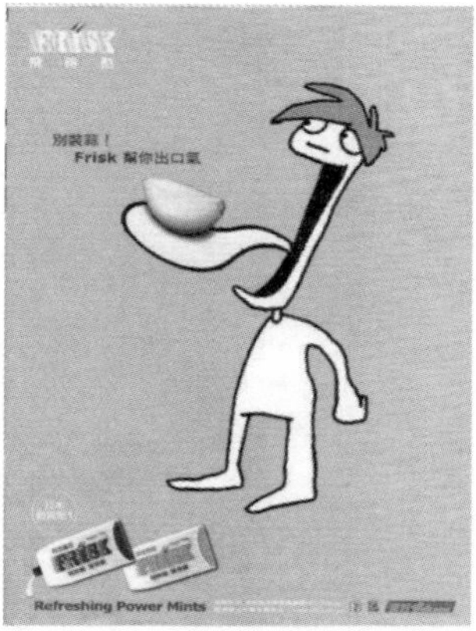

圖 7-26 廣告主：飛時酷

移覺辭格與水平創意的優勢關聯

移覺是指視覺、聽覺、味覺、嗅覺之間的移轉運用，基於感官經驗共通的原理，創作者往往發揮敏銳細膩的感受，綜合各種感覺，經營出新穎豐富的文字世界（張春榮，2002: 25）。廣告創意人員的腦筋總是動得快，應也是擅長於各感覺間之移轉變換。而這從原有的感官類型轉移成不同的、新穎的感官類型，兩相對照就可感受到水平思維的用力（見圖 7-27）。

例如林清玄《寶瓶菩提．河的感覺》的「他們還沒有開口說話之前，眼神就已經先驚呼出聲，而在他們打完招呼錯身而過時，我看見眼裡的輕輕嘆息。」就是漂亮的聽覺與視覺間之移轉，能驚呼出聲的，或輕輕嘆息的，應是嘴巴，能聽到的也應是耳朵，而不是眼睛。也例如李綱《聲音》的「那天我看見一個少婦，雕像般站在十字路口，她把笑聲斜插在髮間。」這笑聲應該也是用聽的，作者卻明白地看到了。

水平思維的功力驗證，常就在慣性難以表達之處。例如，Peace 香菸的廣告裡（見圖 7-28），其柔順口感的形容是用演奏樂器的視覺夾帶想像的聽覺來描述，就避開了很一般味覺的形容。

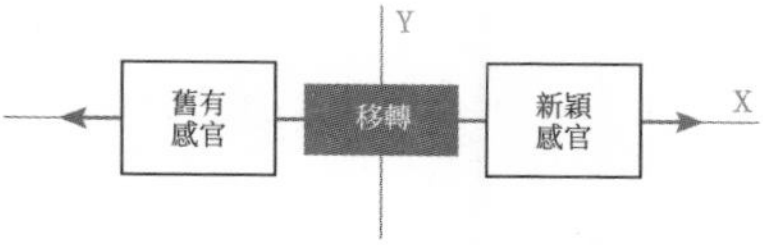

圖 7-27 移覺辭格在水平修辭座標
軸裡的水平拉扯關聯軸

圖 7-28 廣告主：日本煙草產業
株式會社

示現辭格與水平創意的優勢關聯

把實際上看不到、聽不著的事物，應用想像力，寫得可見可聞，活生生地出現在眼前的修辭法；這種修辭法不受時間的限制（陳正治，2009: 52）。這種充滿戲劇性張力與無邊的想像力的文圖描繪方式，剛好是廣告創意產業最拿手的專業知能。明明只是一個小小的產品，透過示現的創意，眼前馬上幻化為綺麗夢幻的活跳境域。

原有的，以及活生生眼前的，兩個具有物理性或感知性差距的事物，兩相對照，就好比水平修辭垂直思維與水平思維的映照，特別借力於「遠距」與「眼前」之間的映襯反差（見圖 7-29），營造了很有想像力的場景切換，水平態勢十足。

最有名的「示現」經典案例應是萬寶路香菸，明明就只是一根前端有黃色濾嘴的白色菸捲，但透過創意人員的情境塑捏，菸一點燃，馬上就轉換場景到浩瀚無垠的西部牛仔天地，雄赳赳的豪邁氣概馬上呈現、繚繞在眼前，這就是「示現」的威力，產品一使用，馬上且直接兌現一整幕美好的想像。假設某個男生在步調緊湊的公司裡忙得團團轉，不小心還被上司刮了一頓，走到公司外頭，點一根菸，哇！頓時海闊天空，不僅自在無羈，還有股英雄氣勢隨風飄揚（見圖 7-30），萬寶路與男人之間的關係當然能拉近不少。

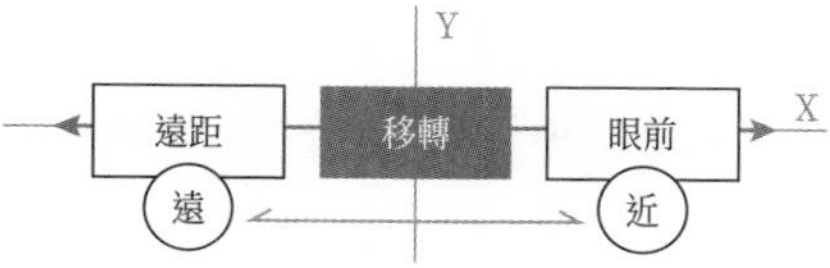

圖 7-29 示現辭格在水平修辭座標軸裡的水平拉扯關聯軸

圖 7-30 廣告主：萬寶路

象徵辭格與水平創意的優勢關聯

「象徵修辭」是通過某一特定的象徵體，以寄寓某種概念、思想和感情等意義。象徵體富有具體的形象、事象，可以使抽象的意義具體化，因此收到主動、感人的效果（陳正治，2009: 199）。至於「象徵修辭」的類型主要是以象徵義是否伴隨的出現來分為兩大類。正如李裕德所言，根據象徵義的隱現來分，象徵體、象徵義一起出現的，叫做「明徵」；只出現象徵體，不直接點明象徵義的，叫「暗徵」（1985: 212）。

不過，無論是明徵或暗徵，任何溝通或表現文本只要有符徵就一定有其符旨，正如王桂沰所言，符號的概念甚廣，形式並不侷限於文化上常見的象徵圖像而已，我們的一顰一笑、一筆一劃，都是符號。符號可以大至一片山水，也可以小至一個逗點；可以是一幕攝人心魂的戲劇表現，也可以是瞬間即逝的一溜眼神（2005: 29）。正因為所有的文化或表現形式都是符號與其象徵意涵的構成，廣告作品當然不例外；此外，廣告文本其構成要素無論文字或圖像，甚至廣播、電視廣告裡的旁白、音效等，都是符號之某種擇定與排組（亦即結構語言學之父 Saussure 提及的系譜軸與毗鄰軸的創新運用）。而擇定的不拘泥與排組的不僵化，就是水平修辭態勢與知能的實踐。

美國符號學之父 Peirce 提出知名的「意義的元素（elements of meaning）」此符號意義模型——以符號（sign）、客體（object）、解釋義（interpretant）的三角關係來說明符號與使用者及外在實體之間的互動網絡（張錦華，1995: 63）。符號與象徵的動作與意義的成立，通常是以具體的符號來象徵、表述抽象的意涵。這符號與客體之間，以及具體與抽象之間，都是水平拉扯的機會所在。甚至，表層義、衍生義與岔義之間；或者，明示義、隱含義與迷思之間，也都拉拔著文本的水平開闊空間（見圖 7-31）。

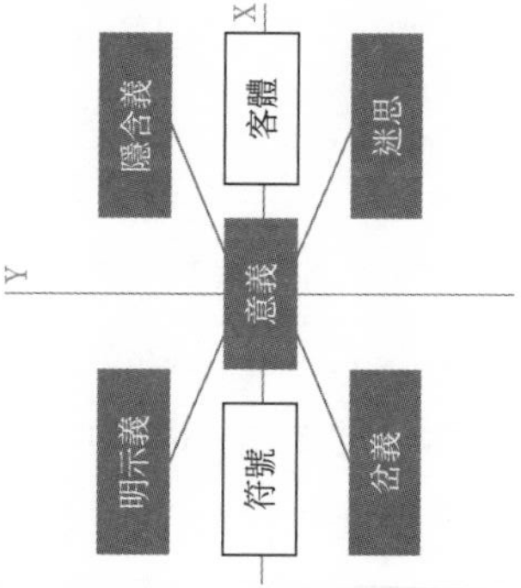

圖 7-31 象徵辭格在水平修辭座標軸裡水平拉扯關聯

符號無所不在，且必定夾帶著具體且豐沛的意涵而來。例如The Body Shop的廣告裡（見圖7-32），其英文標題「三十億個女人中，只有8位長得像超級模特兒」就漂亮的應用兩組大小對比鮮明的數字符號來提醒大家（等於也同時訴諸映襯辭格），別盲目欣羨或追求別人眼裡的完美，而是要愛自己。而金髮美女的非慣見身材匹配人工塑料材質，意喻著這種追求的不需要與虛假，而綠沙發除了拉近與品牌標準色的聯想，也以此現實生活場景的符號來代表真正的現實與理想之不同。

正因為符號無所不在，無論廣告視覺圖像需求的素材或廣告文案撰述需求的詞素，其實都是符號的集合體。舉例來說，當你鑲嵌外來詞時，不僅訴諸鑲嵌辭格；同時，也訴諸了象徵辭格，因為外來詞也是符號之一。而符號又擁有衍生義、岔義等解讀變化空間，也因而，無論訴諸哪個細目辭格，都需借力於符號素材及其象徵意義。例如飛白修辭，就是刻意讓符號衍生誤會的意涵，也例如雙關修辭，也是刻意同時衍生兩種意涵。正因為符號的應用可無所不在且變化多端，筆者在本書的創意思維與操作裡，把象徵修辭獨立出來，專稱為「符號系譜」，並將其拉拔至與整個文學修辭同個位階（見圖7-33）。

圖 7-32 廣告主：The Body Shop

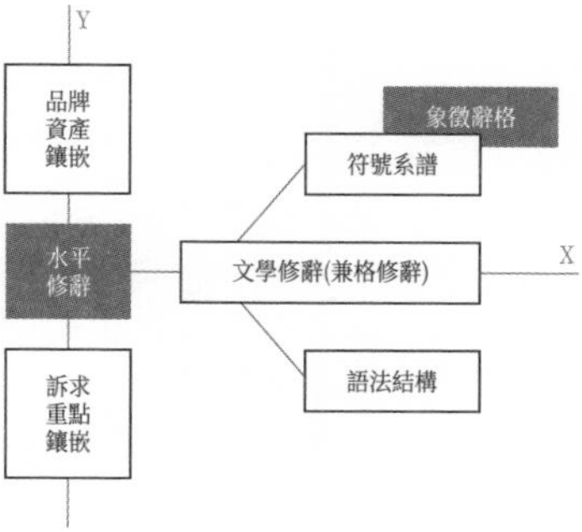

圖 7-33 象徵辭格在本專書更常以「符號系譜」來借代演繹

借代辭格與水平創意的優勢關聯

所謂「借代」，就是指在談話或行文中，放棄通常使用的本名或語句不用，而另找其他名稱或語句來替代。例如以「十七歲」來代替「年輕人」（黃慶萱，1997: 251）。張春榮（2002: 46）則認為借代是以簡馭繁的修辭，運用與本體相關的事物替代入文；用以突出特徵，特寫局部，使人印象鮮明；同時一掃常用名稱使用過多反使人熟極無感的缺失，活潑語詞，翻新語感。其中，以部份借代全體的現象最為常見。

創意可說是廣告創作裡最核心的靈魂，而所謂的創意就是要有新意、不落俗套，而剛好「借代」動作就是以新取代舊，以新穎的表達來替代掉舊有慣用的語詞；換言之，借代的無論是文辭或圖像，光是借代動作本身就已飽含水平修辭的創意能量；換言之，水平思維的實踐就在原用詞與借代詞之間的巧妙轉換（見圖 7-34）。

畢竟，想法或符號過於直接明白，創意就缺了轉折、朦朧或深蘊的美。味丹雙響泡飽飽鍋之廣告（見圖 7-35），廣告的訊息重點在強調其擁有兩塊麵體，但無論文案或圖像若直接標明兩塊麵體，就太魯白無創意了，以「兩雙筷子黏在一起」的畫面來替代「兩個麵體」，避開直接敞開的出場，作品的創意與韻味便整個被提煉出來了，這就是「借代修辭」漂亮的得分示範。

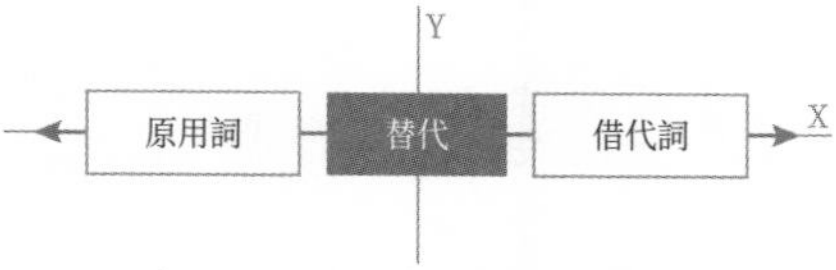

圖 7-34 借代辭格在水平修辭座標軸裡的水平拉扯關聯

圖 7-35 廣告主：味丹企業

藏詞辭格與水平創意的優勢關聯

要用的詞已見於熟悉的成語或俗語中，便把本詞藏了，只講成語俗語中另一部份以代替本詞的，叫做「藏詞」（黃慶萱，1997: 121）。此類創作處理主要是透過斟酌考量，進而把部分藏起來，讓顯現的部分更有味道、更耐人尋味。一般言，水平思考主要就是一直在擴散、伸展、壯大；但相反地，藏詞是透過刪減而來添增解讀上的更多想像與文趣，是很逆向思考的水平操作。而在這局部藏隱和全部顯露之間的訊息變換操作，就是很典型的水平思考與寫作實踐（見圖 7-36），舉命名撰述為例，「普騰」電視機的命名，便是將「普世歡騰」中間兩個字（「世」與「歡」）藏起來，是漂亮的「藏腹」修辭範例。至於房產建案命名，更多此類辭格應用，例如建案命名「觀止」，其原有語詞是「嘆為觀止」，是藏首的作品；相對地，建案命名「君臨」，其原有語詞是「君臨天下」、是藏尾的作品。本詞不用全上，反而讓命名有種線索導引的伏筆趣味。

一般廣告操作，總是想盡辦法展秀出更多的訊息，但其實訊息多了不僅不好消化且也容易膩，有時候，把部分訊息或詞素藏起來，文趣反而產生。例如 Microsoft 廣告裡（見圖 7-37）的標題「我實踐雲的力量」，把「雲端」的「端」藏起來，既有數位先進的形象，且能剔除被看盡的無趣。

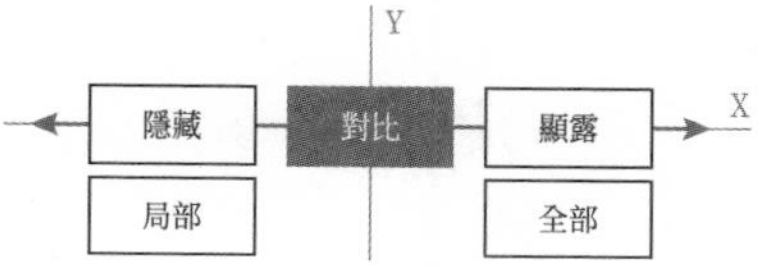

圖 7-36 藏詞辭格在水平修辭座標軸裡的水平拉扯關聯

圖 7-37 廣告主：Microsoft

其實，藏詞修辭可不只是藏隱部分敘述或訊息而已，選擇刪捨原本清晰完整的訊息，是因為在若隱若現之間，局部訊息的解讀會變得更有想像空間或創新好奇的趣味，這可是水平修辭或水平創意的高階表現，特別是以文圖一起演繹、一起構成上下句的精彩，例如福斯汽車的經典廣告（見圖 7-38），「以（高價）油槍自殺」圖像是上半句，「不然就買台福斯吧」則是下半句，這把上半句的文字敘述藏起來，而以圖像替代，腦袋思維要夠水平方能精彩辦到。

另一個多年前的 NIKE 廣告（如圖 7-39），其藏詞功力也是一絕。這把原本運動常喊的「1234，5678」的前頭數字藏刪起來，而顯得更擁簡潔俐落效果，相當吻合 NIKE「just do it」的精神。此外，把前段的「1234」隱藏起來，反而讓「5678」之後，更添循環不滅（習慣 5678 之後，又會有新一輪的 1234）的重複節奏。

圖 7-38 廣告主：福斯汽車

圖 7-39 廣告主：NIKE

摹寫辭格與水平創意的優勢關聯

對事物的各種感受，加以形容描述，叫做「摹寫」……摹寫的對象，不僅為視覺印象，同時也包括聽覺、嗅覺、味覺、觸覺等等的感受（黃慶萱，1997: 51）。摹寫與一般描述的差別主要在於更生動活潑。藉著其讓訊息更可感可觸的細膩描繪與貼適形容，「摹寫修辭」自然也成為廣告創意人員相當重要且必備的辭格之一。摹寫可以針對各種感覺而書寫，例如《郁達夫．寒宵》的「冰涼地，光膩地、香嫩地貼上來的，是她的臉。」則是相當細膩地摹寫皮膚接觸的細緻感覺。

視覺的摹寫常在廣告裡運用，例如麗仕洗髮精的標語「柔柔亮亮，閃閃動人」不僅把髮質的柔亮特性描述出來，更把閃耀的出眾魅力像畫面般摹寫出來。至於麥卡倫黃金三桶系列的標語「金色香氣　層層綻放」；御茶園玫瑰清茶的標語「極致美香　口中綻放」，兩者描述的最重點與精彩處皆在於漸層擴張的綻放動作，這回換成是專屬於嘴巴的味覺摹寫與感受。原有的描述透過更生動的五感摹寫，更有創意性與想像力，這原形描述與生動摹寫之間的水平拉扯（見圖 7-40），是水平修辭的標準態勢與撰述實踐。

摹寫，算是一種視覺上的近形聯想，這聯想功力，根本是水平思維的代稱；換言之，在問誰的創意力比較強，幾乎就等同在問誰的聯想力比較強。例如固特異輪胎廣告裡（見圖 7-41）打火機上面的打火輪變成汽車的輪胎，就是充滿自由漂亮的近形摹寫。當然，從另一個修辭角度來看，又是汽車輪胎又是打火機的打火輪，亦是有訴諸雙關辭格。

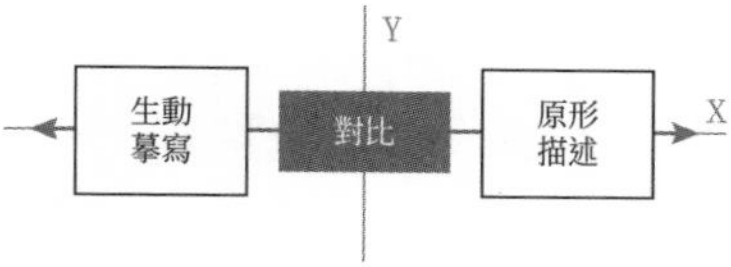

圖 7-40 摹寫辭格在水平修辭座標軸裡的水平拉扯關聯

圖 7-41 廣告主：固特異輪胎

設問辭格與水平創意的優勢關聯

講話行文，忽然變平敘的語氣為詢問的語氣，叫做「設問」（黃慶萱，1997: 35）。例如文壇奇女子謝冰瑩教授形容愛晚亭的不容錯過，便是用有層次的問句「凡是到過長沙的，誰不知道有座嶽麓山？遊過嶽麓山的，誰不記得愛晚亭呢？」來強化、推演原本可能平敘的內容。

同樣地，廣告文案的溝通與說服，正常平板的敘述常落得船過水無痕，突然來段問句，透過這突然的水平思維與拋出的問句，跳離平鋪直述的必然，其文案的衝擊力道當然會較強較深刻。而這平鋪直敘與巧思詢問之間的水平拉扯成就了設問辭格的水平應用張力（見圖 7-42）。

設問修辭提供了問句形式，若能再搭配其他的修辭技法，問句的敘事力量常會變得更有張力，這也就是水平修辭的複合應用主張。例如 LUXGEN 汽車廣告的標題「台灣要渺小的存在，還是耀眼的發光？」（見圖 7-43）。這兩個充滿映襯辭格的設問選項，其懸殊對立，讓選項直指唯一的答案，讓自主品牌發光吧！

當然，別忘了，本書提及的水平修辭，其除了複合應用的主張、兼格修辭的應用之外，鑲嵌辭格更是理性優先要想到的共構辭格。例如另一個訴諸設問辭格的作品，宏利人壽廣告裡（見圖 7-44）的標題「你希望看到什麼樣的未來？」以設問辭格來吸引讀者關注廣告，而其主視覺人物則另外利用鑲嵌辭格把全新的企業品牌標誌展秀在其手持的望遠利器上。

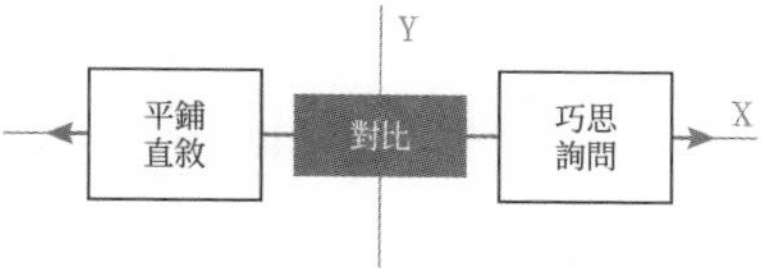

圖 7-42 設問辭格在水平修辭座標軸裡的水平拉扯關聯

圖 7-44
廣告主：宏利人壽

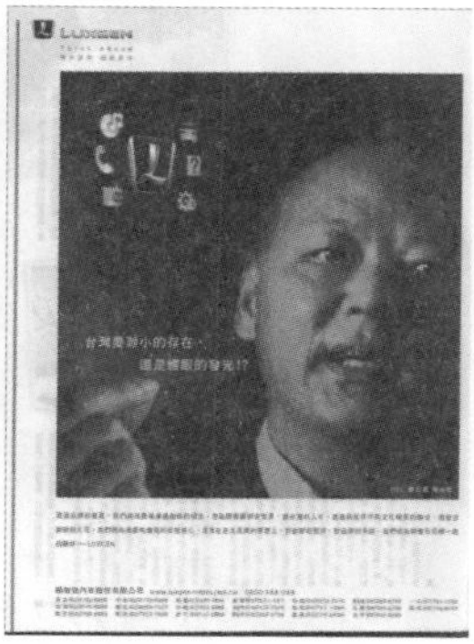

圖 7-43
廣告主：LUXGEN 汽車

其實，因為篇幅限制，還有好多的細目辭格在此未多做介紹；然而，就像水平修辭的複合修辭應用主張，多些辭格進來當創思與寫作的激盪節點或引導節點，總是甚有幫助的，若更能與語法結構及符號系譜再混搭應用，且不忘理性鑲嵌品牌資產的初衷，這樣的作品，兼顧垂直理性與水平感性思維，勢必是個廠商市場導向與創意美學導向皆能兼顧的好廣告。

此外，也要再補充說明一下，諸多細目辭格會局部挑選前面幾個辭格來個別介紹，主是因為這幾個辭格本身就很有水平個性，另外有些辭格是彼此組合在一起，特別有相對、映襯的特性，勢必也是水平發揮的理想組合，例如誇飾辭格對照婉曲辭格，一個誇張另一個內斂，也例如鑲嵌辭格對照藏詞辭格，一個加字另一個刪字。

字（ㄕㄤˋ）開（ㄎㄜˋ）嗓（ㄌㄨㄛ˙）

用修辭清喉嚨，再用語法和符號漱漱口！

前言

—字開嗓—水平修辭在文案教室的教學實踐

本單元取名《字開嗓》主要是心念廣告文案的撰述是為品牌清嗓叫賣的活。文案，撰述的語詞材料或詞素本身其實是沒香氣沒觸感的；換言之，文案奏效靠的不僅是詞藻修辭的華麗，更在品牌的關照以及創意的轉化與延展。

本單元的內容主要是筆者這兩年在《廣告文案》課堂教學裡導入水平修辭的心得整理，當然，也仍舊含括了筆者多年來一貫的授課主軸內容，筆者回溯彙整自己的教學演進，大致可分為三部曲，差別是第一階段教學時期，主在撰述文案之前，強調行銷企劃、創意策略及概念設定的重要；第二階段主要導入各類修辭辭格來襄助文案書寫，至於第三階段，則是以鑲嵌為前導，先理性鑲嵌品牌專有資產相關之要素，之後再水平擴展其想像與美好。第三階段也就是最新階段的課堂進行主要是不僅結合水平創意思考以及兼格修辭來做搭配訓練，更以鑲嵌為前導、為作業需求規定，發現成效甚佳，去年（2020年），筆者個別指導同學參與金犢獎廣告賽事，共入圍 108 件，拿下金犢獎 1 座、銀犢獎 2 座、最佳文案獎一座、第一名 2 件、第二名 2 件、第三名 7 件，優勝 19 件，也因最高積分，贏得金犢獎最佳學校獎（今年 2021 年，目前進行到春季初賽，個別指導同學共獲 270 件入圍）。也因為整個文案教室演練的歷程與成果都是以「水平思考」與「修辭辭格」兩領域要素交集交融，我虛榮又心虛的將之稱為「廣告文案水平辭堂」，簡稱「水平修辭教室」。

章一　教學三部曲：企畫、修辭、水平

章二　創作三階段：策略、概念、撰述

章三　品牌三要素：資產、定位、個性

章四　鑲嵌三波段：品牌、具體、隨機

章五　課堂三鷹架：激盪、激勵、示範

章一　企劃、修辭、水平，教學三部曲

筆者教授《廣告文案》多年，授課內容與教材主要有三個階段的變化，若以教材言，就是從黑皮書到紅皮書再到這本白皮書。

黑皮書階段

從 1997 年在輔仁大學廣告系、中原大學商設系及實踐大學視傳系兼課，以及後來在朝陽科大視傳系專職，教授廣告文案主要是以筆者黑皮書《廣告文案：創思原則與寫作實踐》為主要授課內容，該書原名《廣告文岸》，架構主在將文案的整體作業分為三部曲，並譬喻成游泳上岸的三個主要歷程。第一部為「下水前」：學習下筆前應有的認知與視野。第二部為「入水時」：學習運筆時應有的作業本領與品管要領。第三部為「上岸後」：學習收筆後的檢討與反思。此書共分為文案的位階、文案的對象、文案的情報等 20 個章節，將綜合廣告公司創意部門文案人員所需的創作流程、概念設定與平面、影片等各類媒介的文案撰述實務傳授給同學，重點在於品牌企劃、創意概念與文案撰述的巧適結合。額外一提，這本文案專書總共歷經六刷，很多大學、高中職廣告與設計相關系所在出版後的那幾年都以此黑皮書為其文案授課的指定教材。

紅皮書階段

但自從2011年到台中科技大學應用中文系兼課教授《廣告文案》之後，開始更側重文學修辭的引注，儘管同樣是從策略到概念到執行三階段，但都會以修辭辭格來串連與引介，例如，以前說在創意端，思維要跳脫；但此階段會轉換說成跳脫辭格的應用，是透過飛白辭格的巧適誤會來達成幽默的效果。而筆者也在2013年集結修辭相關重點與教學心得，出版了紅皮書《廣告修辭新論：從創意策略到文圖實踐》。畢竟，廣告是講究美學的科學，而修辭可說是美化廣告文圖表現的最大功臣，本書從兼格、象徵修辭到解構、視效等修辭，共彙整了36個相當實用的修辭辭格，此外，鑑於廣告的文圖表現是先從策略概念端切入再開拔到表現端之專業歷程，作者在引介每個細目辭格之前，更開闢總論，先論述文案撰寫與修綴前的關照重點與策略框架，讓接續的修辭動作不至於淪為刻意為美而美的花拳繡腿。一段時間，筆者都是以此紅色書為主軸，帶著同學在每個課堂演練不同辭格運用的目標寫作。

白皮書階段

最近二至三年，筆者的教學又有些轉變，那就是把兼格修辭或所謂的複合修辭轉當第二階段的創思與寫作重心，並在其前頭多了理性、品牌導向的鑲嵌辭格；換言之，是先理性鑲嵌，特別是先嵌入專屬於品牌本身的優勢要素，然後再水平或複合應用其他的辭格甚至語法、符號等。而這心得與要領的集結正是本書《廣告文案水平辭堂》的主要內容之一。至於鑲嵌的階段性執行大致分為品牌鑲嵌、具體鑲嵌以及隨機鑲嵌，很多同學跟老師一起見證了諸多同學透過鑲嵌，特別是具體鑲嵌和隨機鑲嵌，而有更好的撰述成果。因而以三個鑲嵌辭格為基底、為主軸的教學形式成為筆者最新的授課進行。

前面提及「企劃、修辭、水平」此教學三部曲，但不論哪個階段，最基本的、共通的原則都是——文案撰述的啟動原則就是企劃或策略永遠走在書寫的前端，且一定是先關照上位的「品牌」，之後再關注下位的「廣告」。接下來，我們就來檢視一下一般廣告創作的流程或階段：

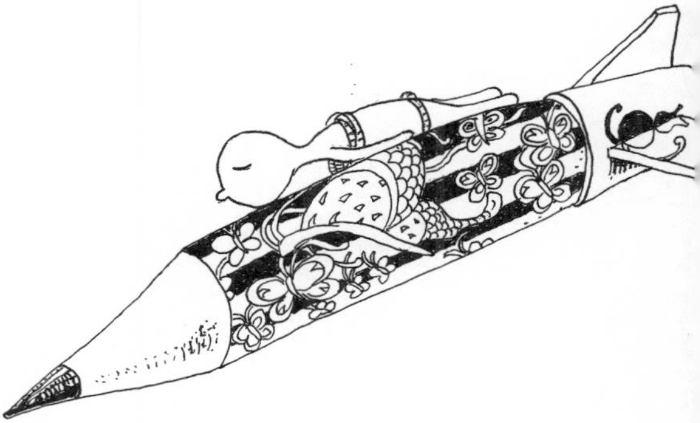

黑皮

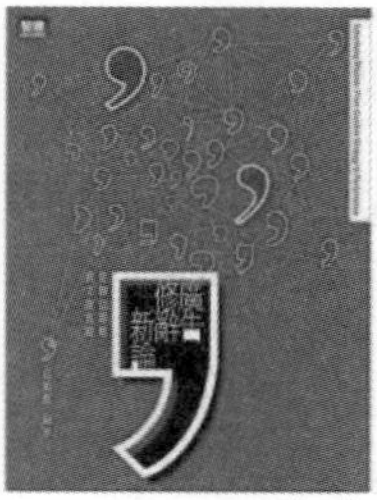

紅皮

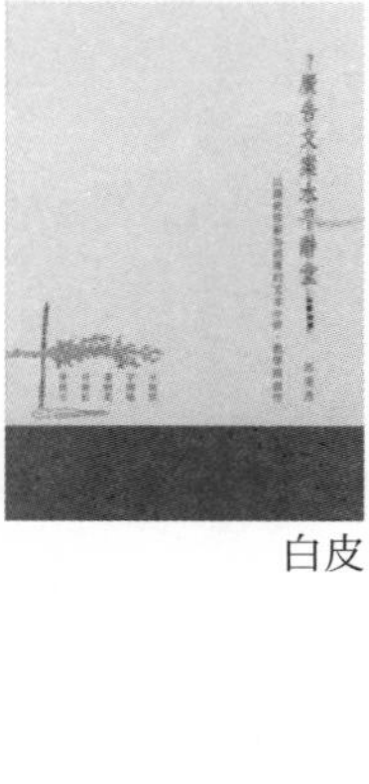

白皮

章二　策略、概念、撰述，創作三階段

很清楚地，品牌當然是走在廣告的前頭，而且還要一直貫穿到廣告裡頭，直到接收端、消費端為止，甚至也還沒完，從後頭又要再回饋給品牌源頭。

我們習慣把廣告創製流程（例如文案的撰述執行）分為策略端、概念端與執行端三個進程，而且流程都是從品牌開始出發。甚至更該擴充為四個甚至五個進程（見圖2-1），因為廣告策略的擬定，完全需依循著需求簡報階段的品牌行銷目標與相關指示來做企劃與撰述。

應無任何意外，無論是公部門或私單位，也無論是大公司或小工坊，整個創作流程都是從「客戶需求簡報」（Brief）階段開始。唯有清晰了客戶、品牌的真正需求、確定了這回廣告需解決的問題在哪，方能往下個階段進行。當業務企劃部門知道行銷目的與責任之後，便要濃縮客戶資訊，補強品牌優勢問題等資料，甚至進行調查與分析來精準廣告行銷動作方向與各個需求重點，完備後便進入「業務企劃簡報」（Briefing）階段，幫創意部門做創作出發前的簡報。

接下來，創意部門開始其三段式廣告創作，首先是「創意策略擬定」（Creative Strategy），這是「市場面向、行銷導向」與「創作導向、創意導向」前後兩端的交集接軌，也是在創意轉化跳脫之前，各個傳播要素的鎖定與擬定，有種類似「傳播 5W1H」的規劃：怎樣的品牌（Who）要如何（How）將怎樣的訊息（What）透過什麼媒介（Which Channel）傳遞給怎樣的視聽眾（Whom）然後期待得到怎樣的效果（What Effect）。

其次進入創意發想的核心工程「創意概念設定」（Concept-setting）階段，創意團隊集眾人之力發想出幾個巧適點子，分流開展出幾個預期未來會有不賴效果的文圖或影音創作表現，當創作用力的方向決定了、概念確定了，才會進入「文圖設計執行」階段，透過實務運作的文圖、影音或敘事符號等元素一起來組構、落定最後的定稿作品。

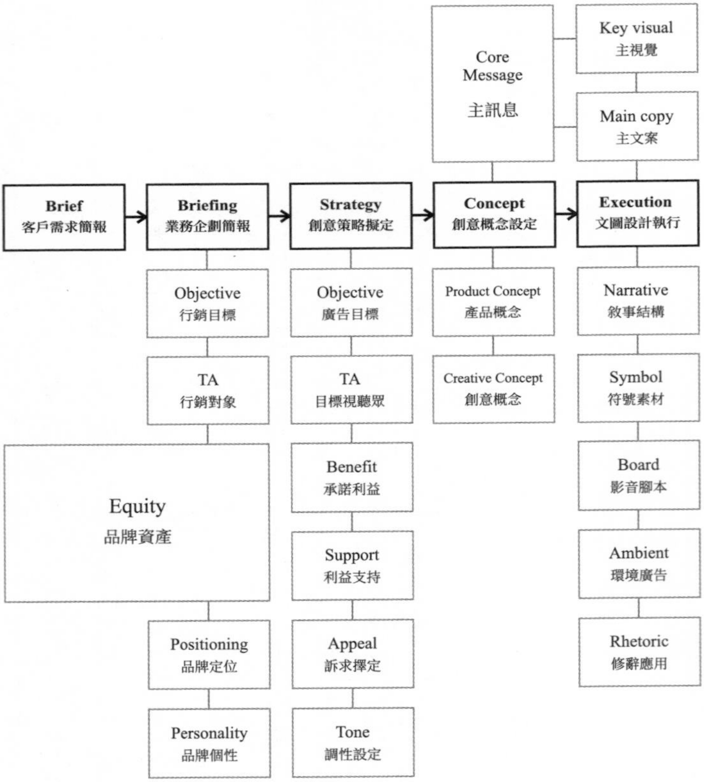

圖 2-1 廣告公司訊息創製流程圖

註：作者自行整理繪製

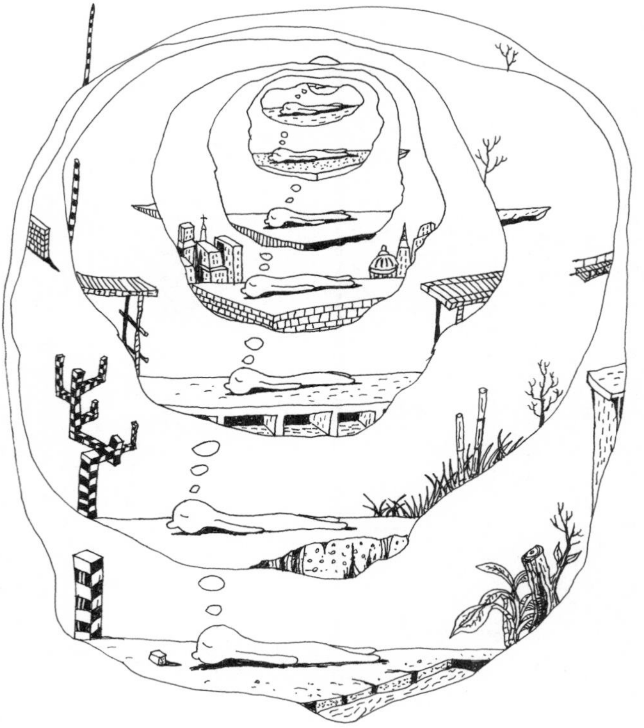

訊息策略與訴求策略

廣告公司的創意部門，其最主要工作就是幫品牌客戶優化、美化以及創意化其想傳遞的訊息。一般言，基本的策略構成要素大致有以下幾項：

一、廣告訊息目標（Ad Objective）
二、目標視聽眾（Target Audience .，簡稱 TA）
三、利益（Benefit）或承諾（Promise）
四、支持（Support）或擁有該利益的理由（Reason）
五、訴求（Appeal）
六、調性與態勢（Tone & Manner）
七、關鍵訊息描述（Key Message）

以上羅列的七個訊息策略要素，若以水平思維程度來看，可說是從第一項到第七項遞增。其中，第一與第二項都是需求簡報端必須理性瞄準的部分。第三與第四項的利益與支持是比較品牌固有資產、比較理性實力較勁的部分。第五與第六項的訴求與調性則是廣告表現的精華所在，諸多創意巧思或變化多端主要就在這邊演繹，第七項等於就是演繹成果的總結描述。

利益框架與修辭上架

除非相當特殊的衝動購買，一般言，無論廣告訊息動用了多少花招，消費者最終能否被說服還是倚賴該廣告承諾的「利益」是否令其動心，進而願意以購買行動來正面回應與支持你的廣告訊息。

然而，要標榜或承諾某個利益，必須有其論述基礎，亦即其支撐理由，在行銷定位或廣告文案裡，稱之為支持描述（Support Statement），此描述與利益描述（Benefit Statement）不僅擁有連體關係，更有因果關係，兩者相依相存。例如台灣啤酒敢在廣告裡自誇該啤酒「尚青（最新鮮）」，一定有其支撐理由「在地製造」伴隨而來，否則，當消費者質疑或競爭品牌攻擊時就會站不住腳。

當然，若更往品牌產品前端追溯，要端給消費者什麼利益，以及支持這些利益的支持，都與產品本身的資產緊密關連。這是實力問題，也是理性邏輯的問題，再以啤酒為例（見表 2-1），麒麟啤酒當初在台上市時，也是標榜「最新鮮」，只是其支撐理由與台灣啤酒不同，是強調該啤酒堅持只萃取第一道麥汁。這兩個競爭品牌的訊息重點都是在新鮮，卻又不盡相同，就像其不同的支撐理由一樣，有的是口感強調，有的是拉攏情感，至於誰真正抓住更多、更準的目標消費者在此就不多探討，但重點是，廣告文圖表現，當然包括各類修辭動作，是跟著這些利益與支持跑的。我們再舉兩個洗髮精品牌的承諾利益為例（見表2-2），潘婷洗髮精主要承諾給消費者的利益是營養直達髮梢；同樣地，566洗髮精承諾的也是給髮根充分營養，那麼關注頭髮營養的消費者針對這類似的利益承諾如何抉擇？還有最重要的是到底哪種訊息安排較容易讓消費者相信與說服？

產品本身的資產，就像家世背景、身家族譜一樣，預設了某些創作，某些修辭，可擇定的路徑與演繹範疇，天生就有某種導向、偏愛甚至侷限。一個歷史悠久的產品跟一個創新的新產品；或者，一個高價位的時尚精品跟一個慣常日用的平價用品，都會影響廣告創意的表現趨向。例如很迷你的車款，偏要冠上大器宏觀的命名，這原本可愛纖細的框架便硬生生被擠壓變形。同樣地，講究乾脆俐落、相當行動派的品牌，例如NIKE，卻常要拘泥套用「對偶修辭」，或充滿操作意味的「頂真」或「排比」就覺得跟品牌原有的「JUST DO IT」的口號有悖離之嫌。這時候，存真修辭反而調性比較匹配。

廣告訊息裡最能打動消費者的，絕對不會是某個搞笑噱頭或襯綴圖案，而是端出了什麼牛肉。獨特且有優勢的利益絕對是整個廣告創作需關照、宣揚的核心。而廣告文圖創意

表 2-1 兩個啤酒品牌的利益與支持描述

品牌	利益承諾	支持理由
麒麟啤酒	都是強調最新鮮	堅持只萃取第一道麥汁
台灣啤酒		標榜台灣在地新鮮製造

表 2-2 兩個洗髮精品牌的利益與支持描述

品牌	利益承諾	支持理由
潘婷洗髮精	營養直達髮梢	含維他命原 B5
566 洗髮精	營養直透髮根	含豐富蛋黃素

人員也都會鎖定此利益，以之為策略與執行的基點與出發點，例如點睛品其鑽戒跟其他競爭者之差別在於「會動」（戒指可變換成項鍊），於是整個廣告創作就是要去強調、烘托出「動優於靜」的獨特利益（見圖 2-2）。筆者覺得此作品的後端文圖執行準確地傳遞著前端策略需求，以及適切地強調了該產品的獨特優點。

圖 2-2 廣告主：點睛品

至於從修辭觀點來看，此作品的漂亮則主在兼用多種辭格。首先，模特兒衣架本來是無生命的，卻變成會羨慕到不行，等同訴諸擬人化的「轉化修辭」；而不會動的假人衣架，跟飄逸流動的真實模特兒兩相對照，這一真一假、一靜一動的對比，則是「映襯修辭」的體現；至於會把完全靜態無感的模特兒搬來演出羨慕神情與劇情，有點故意裝傻及破壞常規的創意路徑則是借力於「飛白修辭」；當然，這不可能發生的情境亦飽含著「誇飾修辭」的幽默與誇張調性。

換言之，前端的利益描述會影響後端的修辭表現，而利益的描述又根基於更前端品牌擁有的資產。就好比某咖啡品牌因為擁有口味濃烈的優勢資產，所以才敢開展出「周公再見」或「夢想不睡」的表現創意與承諾利益。

正因為品牌的資產、定位以及個性是廣告表現前端的預設框架，所以筆者於廣告公司創意部門在撰述真正文案、開展水平思維之前，必須先備好、寫好品牌定位描述（Positioning Statement）以及品牌個性描述（Personality Statement）。接下來，簡單介紹「品牌定位描述」如下：

Brand（品牌／商品）

is better than Competition（主要競爭者）

for Target Audience（目標消費群）

because it

Buying Incentive（購買誘因）

as a result of

Product Support（產品支持點）

同學套用範例：566 洗髮精

566 洗髮精

比海倫仙度絲、潘婷、麗仕好

其使用年齡層相當廣，約 10 至 80 歲

because it

⑴超健康無負擔

⑵溫和滋養髮絲

as a result of

⑴不含矽靈，不會造成頭髮傷害

⑵含豐富的蛋黃素天然配方

其實，從品牌定位描述裡有哪些重點要素，就能推斷出廣告撰述、下筆下標之前，這些框架都需先釐清甚至遵守。

一、品牌定位的「定位」，這位子的決定，不是自己愛挑什麼位置就挑什麼位置，要看品牌更前端的資產較量，位子的高低或排序，若沒有對手的比較，孤立懸空的位置是沒有意義的。筆者在課堂常這樣提醒同學，論及「定位」就直接改為論及「競爭性定位」，沒有競爭對手的比較，無論怎麼撰述形容，就是無法知道自己的相對位置在哪裡。這就跟南陽街補習班林立，每家補習班都標榜該機構對你的升學、成績最有幫助；換言之，每個品牌都頒獎自己第一的位置，但真正榜單出來，理性一比，高低位置就出來了。

二、「利益」與「支持」就像是連體嬰，彼此有著前因後果的相對關係。你每承諾消費者一個利益，就要備好為何可達成此承諾的支持理由。就像前面同學演練的定位描述，有兩個利益就要有兩個支持。例如當你承諾產品具有「超健康無負擔」的利益時，其實其支持描述「不含矽靈，不會造成頭髮傷害」已經更早寫好。如果沒有充分的支持描述，利益承諾就會變成亂開支票、空洞跳票。

其實，在撰述品牌定位描述時，是相當理性的，就好比 Edward de Bono 六頂帽子裡的白帽子，是調查資料端、原始訊息端的重點與努力。這時候，算是最不能水平亂噴的時候。例如同學的目標消費者寫成十到八十歲，每個消費者都瞄準就等同沒有在瞄準，變成事倍功半的亂槍打鳥。同樣的，競爭對手的確定也需理性調查與分析，就好比 566 本土洗髮精擇定主要為去頭皮屑功能的洗髮精海倫仙度絲為對手是否適切？這定位描述裡面跟品牌的關聯，無論是品牌的消費對象、競爭對手、利益承諾及其支持理由等，都是很理性端、真切端的資料蒐集與呈現，跟創意轉化、水平思考的能耐似乎還無太大關聯。

概念設定及其概念圖

概念扇是一種「成就扇」，它關心的是「我們如何成就某件事」。並非只是將一個題目層層分析的「分析樹」。概念扇的重點是行動，而非描述或分析（Edward de Bono，2015，頁 168）。而剛好，筆者在廣告設計或文案課堂上，教導、引導同學切概念時，都會說廣告的主題、篇名很重要，而基本上只要切分出來某個方向，或者只要有個不賴的「動詞」，篇名就誕生了。而這正好呼應 De Bono 概念重點在「行動」的強調。

一個動作與一個修辭

此外，筆者也會叮嚀同學需同時記住「單一心思」（Single-minded）的創作秘訣：一個動詞一個篇名；亦即，行動或動詞雖然重要，盡量別在一個概念裡出現兩個構想動詞，以免讓訊息的傳達岔亂不清晰。

筆者以永和豆漿的廣告概念發想為例，如果方向是要強調豆漿的營養，而且是誇張幽默的強調，假設突然想到利用超人來演繹拯救斷橋的橋段，畫面裡出現超人飛翔著去扶住斷橋，其實這「飛翔」是個動作，「扶住斷橋」又是個動作；亦即，當「飛翔」的動作、重點更擴大，即可脫離「斷橋篇」而獨立開闢另一個「飛翔篇」，例如特寫超人一直飛、一直飛的鏡頭，之後鏡頭拉遠，發現原來超人離地板只有幾十公分，這時候出現字幕卡「不夠High嗎?」。這時候，此作品發想已完全跟斷橋「救援」此關鍵動詞完全脫勾。

若更多事、貪心，前頭的文圖構想描述已經不小心多塞了動詞進來，若還要添增動詞進來，例如畫面裡你多事在超人忙著飛翔之際，還塞個吸管在他嘴裡或多放杯豆漿在他手裡，那就是純粹的陷害他了。想想，都全心全意在飛、在救人了，「飛」與「救」就已經兩個動詞了，別再手「握」著豆漿或嘴「刁」個吸管，亂添另外兩個動詞進來，容易誤導到另外的訊息重點與場景，而直接變轉、岔離成「把握篇」或「刁嘴篇（演繹重點在挑嘴、苛求）」去了。

一個動作與多個辭格

相對於訊息的乾淨、動作的專一、專心需求，當創意思維與動作訴諸修辭辭格時，卻反而要多心、分心；換言之，修辭辭格的引用就像 Ed de Bono 提倡的六頂思考帽子一樣，需要複合引用，而且有時候，先減分再加分，會讓創意的動作歷程更有起伏與翻盤的精彩。

我們前面提及的創作三階段，其實這都仍專屬於、偏頗於「廣告」的重點對待，其實，在整個流程的最前頭，都是品牌的重點；換言之，在廣告創製的結構流程裡，前面的兩個簡報階段都是「品牌」的重點範疇：首先，是在廣告主那邊進行的「客戶需求簡報」階段；接下來，則是在廣告代理商這邊進行的「業務企劃簡報」階段，而這其中，與品牌最貼身重要的「品牌資產」（Brand Equity）、「品牌定位」（Brand Positioning）與「品牌個性」（Brand Personality）更是需特別聚焦、明晰與張揚的關注重點。

章三 資產、定位、個性，品牌三要素

換言之，在撰述廣告文案前，必須先整體的、統合的去先診斷、釐清品牌（即一般所謂的廣告主、客戶）的資產定位等本質問題，以及傾聽該品牌設定的需求或遇到的問題。唯有品牌三要素提前明晰了，之後的廣告企劃或訊息策略甚至執行方有依隨或參照的對象。

品牌資產與廣告利益

產品利益是廣告內容的核心；然而，利益不會憑空而來，廣告裡強調的「產品利益」（Product Benefit）主要來自前端的「品牌資產」（Brand Equity）。就好比紳寶公司（SAAB）原本是屬於瑞典飛機有限公司，一家專為瑞典空軍製造戰鬥機的公司。一般言，飛機的製造難度高於車子，因而是其最鮮明強勢的競爭資產，其標語「BORN FROM JETS（噴射機家族）」正是依隨著此優勢來發揮。我們看到其官網上車子奔馳的場景是機場跑道（見圖3-1），而不像一般車子只能委身一般馬路。這「噴射機」的優勢（特別是其渦輪增壓引擎）當然是廣告隨時要高調承諾的利益。

品牌定位與廣告訴求

在廣告表現上，訴求與調性幾乎是決定作品長相最關鍵的要素。其中，廣告訴求的擇定也不能隨興而為，其前端早已存在著品牌定位此預設框架。例如明明市場佔有率不佳；亦即位子不是很理想，卻偏要訴諸英雄訴求、勝利訴求，這就好比打敗仗了偏要辦慶功宴，除了另有策略（例如那種為自己這回的失敗乾一杯，玩倒反修辭的謀略），盡量還是探找適合自己位階發揮的訴求，例如小車擇定小巧精緻訴求，別硬撐著玩大器尊榮的訴求。

圖 3-1 廣告主：SAAB

一般言，「品牌資產」（Brand Equity）、「品牌定位」（Brand Positioning）與「品牌個性」（Brand Personality）三者出場的排序最先應為品牌資產、繼而品牌定位，最後品牌個性；亦即，大多數的品牌化策略動作都是先檢視自己的資產，進而知曉自己在市場上的競爭性定位，再依此競爭境況創塑適切又專屬的個性。好比考試得到86分，這是分數資產，跟其他同學比起來是最高分，等同搶得第一的位置，至於第一名的對應個性要很高調、很驕傲或是很謙卑謙卑再謙卑，那是最後階段的擇選工作。

然而，在品牌端，這三個重點雖似有前後排序，但三者幾乎是貼合在一起，有時候，還是有機會後者反而影響前者。例如廣告大師 David Ogilvy 的成名作品（見圖 3-2），一個黑色眼罩讓單調平常的白襯衫（每個品牌的白襯衫都長一個樣！）瞬間充滿獨特個性，而這個性的張揚與加分，等於開發了、加分了原有的資產，也等於幫忙標定了理想的競爭定位。這時候，等於排序是完全顛倒過來，是先創塑了鮮明的「品牌個性」，進而贏得鮮明領先的「品牌定位」，繼而確立了、帶來了全新款式的「品牌資產」。

品牌個性與廣告調性

不過，大多數情況還是，一個人的個性怎樣，就會有怎樣的穿著裝扮；同樣地，當「品牌個性」（Brand Personality）確立了，廣告的「表現調性與態勢」（Tone & Manner）就有了依循的行事作為規範。例如汰漬（Tide）洗衣精的廣告裡（見圖 3-3），其品牌個性設定是超級強悍、堅持與挑剔，絕不容許一點髒污上身。所以他在廣告裡便相當機靈，超白的衣服一點也沒有被亂飛亂串的墨水甩在身上。當然，此廣告還額外添增了幽默的調性進來。相對地，我們也可以從後端、表現端的幽默調性，回推品牌個性應是年輕、開明與輕鬆的，不然不會推出此類誇張幽默調性設定的作品。

圖 3-2 廣告主：Hathaway 襯衫

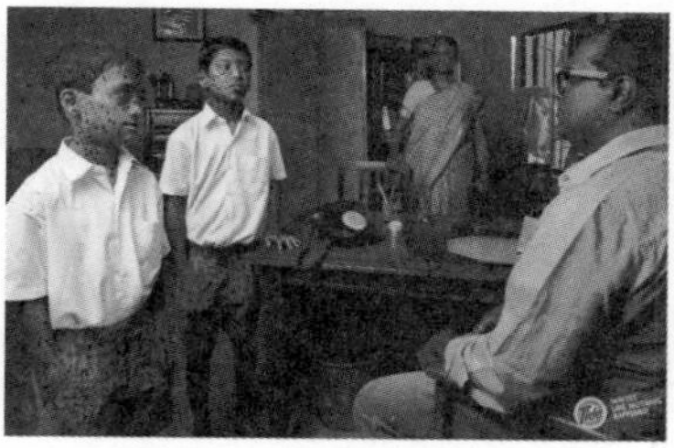

圖 3-3 廣告主：Tide 洗衣粉

章四 品牌、具體、隨機，鑲嵌三波段

本專書提及的「廣告文案水平修辭教室，三個主要的演練作業都是先以鑲嵌修辭為前導，之後再額外應用其他修辭辭格、語法變換及系譜符號齊力來襯綴整體撰述的創意與美感。三個以鑲嵌修辭為前導的作業，其不同的鑲嵌類型代表著由「垂直理性」漸進到「水平感性」；以及，代表著「品牌為主要關照」漸進到「創意為主要關照」，該三個作業及其扶助鷹架的對應比較請見圖 4-1：

而三個作業的整體演練與施做很注重教學鷹架的課堂扶助，不僅需依隨著作業內容不斷的變動與更新，而且要量身備料（教材），做好親身示範、立即回饋以及不斷的正向激勵。

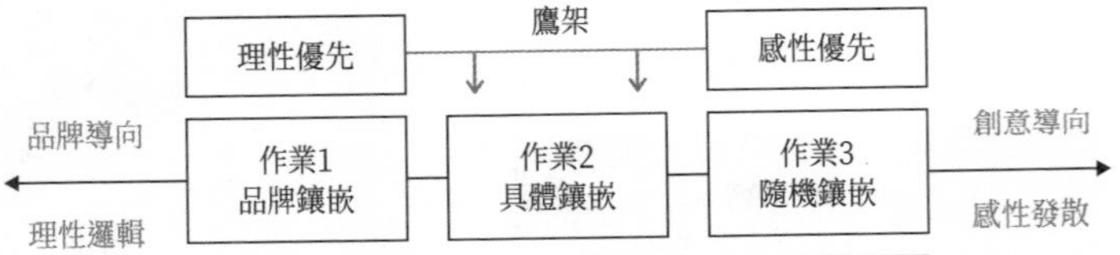

圖 4-1 三個鑲嵌作業的關照重點比較圖

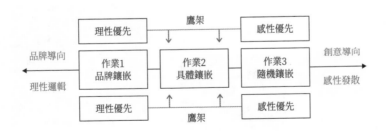

作業一：品牌鑲嵌

(A)作業背景與主旨：

廣告裡的漂亮文詞主要產自文案人員，但未必每篇廣告裡，都需要堆砌一堆美麗的形容詞，正如同 Getchell 所說的，廣告的真正藝術是始自得之於廣告能產生作用（劉毅志譯，1997: 34）；換言之，廣告效用需為最前提考量。在廣告文案撰述之初，先把品牌名稱或優勢資產鑲嵌進來，會讓後頭的創意開展更加有效用上的保障。特別是，標語乃最貼近品牌的識別書寫，其撰述演練很適合從品牌鑲嵌著手。

(B)施做內容與架構：

實驗組為二技夜間部三年級30位，對照組為四技日間部三年級45位同學，教學分四週進行，第一週兩組進度一樣，都是為幾個修辭辭格的引介與作品欣賞。第二週至第四週，實驗組開始進行指定品牌名稱與資產的鑲嵌試寫與檢討，至於對照組則仍是自由發想與書寫（含括自由擇定演練品牌）。

(C)實驗組的作業細目說明：

演練步驟一：請同學先找來某特定品牌，然後在撰述標語時，先把此品牌名稱或重要資產相關詞素鑲嵌進來。

演練步驟二：請同學在鑲嵌打底、出發之後，額外再去添增應用雙關、對偶、押韻、倒反等辭格。這邊舉個人參加 2018 年第十八屆廣告金句創作比賽獲得社會組金獎的作品「愛誰無妨，愛在禮坊」為例，我先擇定品牌「禮坊喜餅」來書寫，首先，先鑲嵌品牌名稱「禮坊」進來，接下來再去尋覓與之押韻對偶的語詞，後來獲得「無妨」與「禮坊」相同韻腳，最後試圖讓文案提出一些觀點主張，讓愛無年齡、尊卑或性向之別，而最後書寫定案。其流程可以簡單整理如下（見圖 4-2）：

(D)演練歷程與成果：

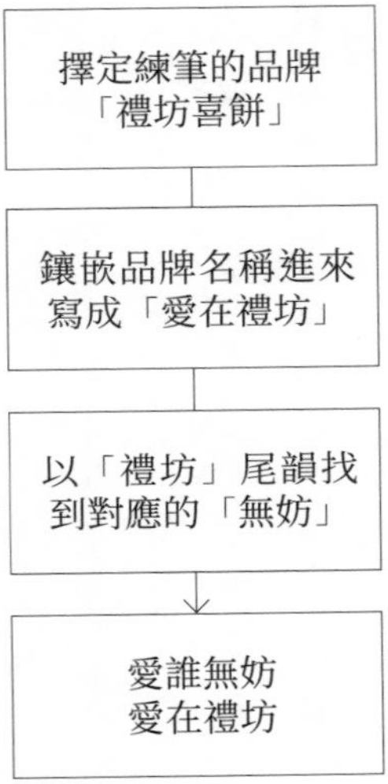

擇定練筆的品牌「禮坊喜餅」
鑲嵌品牌名稱進來寫成「愛在禮坊」
以「禮坊」尾韻找到對應的「無妨」
愛誰無妨
愛在禮坊

圖 4-2 筆者以鑲嵌辭格引領的標語書寫流程

此乃一般標語撰述演練，主要就是撰述的文案一定要有鑲嵌品牌名稱進來，例如華碩電腦的標語「華碩品質，堅若磐石」一開頭就先鑲嵌了品牌名稱進來。課堂討論及觀察發現對照組同學無論在選定品牌以及撰述開展上花費較多時間；相對地，實驗組因為明確的規定與限制在那裡，反而馬上在鑲嵌之餘，更有興致甚至能力去多拉攏、應用其他修辭辭格或語法變化進來。

作業二：具體鑲嵌

(A)作業背景與主旨：

文案貴在言之有物，真切具體的描述永遠勝過空洞抽象的形容。正如 Robert W, Bly 提及評估標題的重點在於你的標題盡可能具體化，例如「三週內減重19磅」這個標題比「快速減重」來得好。（劉怡女譯，2017: 35）

(B)實驗組的施做內容與架構：

實驗組為二技夜間部三年級30位，對照組為四技日間部三年級45位同學。分四週進行，第一週兩組進度一樣，都是幾個修辭辭格的引介與作品欣賞。第二、三週為實驗週（對照組繼續自由書寫），實驗組進行具體鑲嵌教學與試寫；第四週為執行討論，針對鑲嵌作品做色稿、定稿處理。

(C)作業的細目說明：

作業任務：幫自己的作品集製作一個封面，該封面設計必須仿擬市場上的封面。並幫裡面的各單元撰述標題，其中，還要挑一個標題放大字級，成為該雜誌的封面故事。在撰述標題時，不是完全自由書寫，而是需遵守老師額外的鑲嵌規定：需有2個以上標題鑲嵌數字，1個以上標題鑲嵌色彩、動物或植物等具體符號進來。

作業目標：透過鑲嵌與仿擬兩個辭格的訓練，讓同學學習修辭在創作裡，特別是文案撰述上的巧適運用。

(D)演練歷程與成果：

鑲嵌讓文字轉換畫面

透過色彩等具體圖像元素的鑲嵌，常能讓文字也能擁有畫面的可視見性能耐，例如同學仿擬《2535 雜誌》封面的作品（見表 4-1），其中一個標題「每片烏雲，都有銀色鑲邊」就是很漂亮的色彩鑲嵌。我們常說好的文案要有畫面；亦即，儘管只單獨看文字敘述，透過具體符號或素材的鑲嵌，仍能感受到描繪的畫面，而且此「擁有銀色鑲邊的烏雲」隱喻著儘管有所困頓挫折，但希望曙光卻也近在周遭而已。

鑲嵌的對象愈具體多元，書寫的面貌就愈多精彩。例如有位同學仿擬《ppaper 雜誌》的鑲嵌作品（見表 4-2）就嘗試邀約了數字鑲嵌、人名鑲嵌、色彩鑲嵌等，比老師規定更多的鑲嵌對象進來。例如「小鹿今天請假，大象來亂撞」，此標題（其實以作者的編排來看，角色更是前標題，而非標題）書寫挺漂亮的，鑲嵌動物之餘，因小鹿與大象體積上的大小輕重對比，而多了映襯的趣味美感。個人覺得其最精彩處更在於，原來仿擬的成語「小鹿亂撞」被解構轉換成「大象亂撞」，除了更貫徹仿擬修辭「轉離」的功夫，思緒的俏皮與情緒都更添飽滿。

作品案例

符號系譜	細目符號	文案撰述
數字鑲嵌	1, 825	因為睡眠一年有 825 天
	8	死後能帶走的八公克
色彩鑲嵌	黑色 銀色 灰色	每片烏雲都有銀色鑲邊
		灰色的日子裡必備的銀色態度
人物鑲嵌	大衛	我是大衛，你是哪位？
動物鑲嵌	貓	養貓 是為了和深夜對話
植物鑲嵌	綠葉	綠葉晒腦節
其他具體鑲嵌	筆記本	筆記本的地下私生活

表 4-1 朝陽科大視傳系同學具體鑲嵌作品

作品案例

符號系譜	細目符號	文案撰述
數字鑲嵌	80, 99	80 分女孩的 99 分生活
	24	今天不吃藥， 搞死心臟的 24 種方法
色彩鑲嵌	白色	純粹和青春兌換 數不清的智慧白
	藍色	躺進皮箱的日子， 有點英國藍
人物鑲嵌	威廉 凱特	是威廉嗎？ 我是凱特
動物鑲嵌	小鹿 大象	小鹿今天請假， 大象來亂撞
其他具體鑲嵌	cake	別人眼裡 的 cup cake， 我眼裡的 birthday cake

表 4-2 朝陽科大視傳系同學具體鑲嵌作品

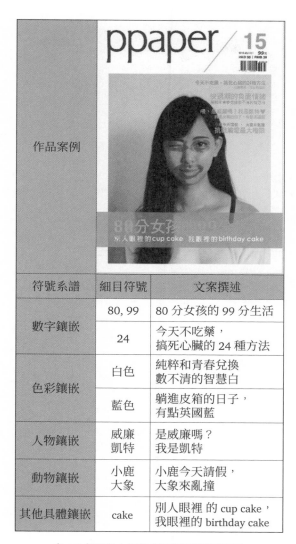

作業三：隨機鑲嵌

(A)作業背景與主旨：

在一段文案撰述學習之後，有些同學開始顯現偏好的甚至安全的書寫思維模式，特別是前面作業階段表現還不賴的同學常會落入習慣的書寫風格。例如老師稱許其之前作業押韻對偶修辭應用得當，便繼續類似之慣性書寫。此作業的設計目標是直接且瞬間讓同學啟動全新的、很水平思維的書寫方向。

(B)施做內容與架構：

分三週進行，第一週為對照週，自由書寫；第二週為實驗週，進行隨機鑲嵌教學與試寫；第三週仍為實驗週，賞析上週的鑲嵌作品以及繼續鑲嵌試寫與討論，最後做成色稿、定稿。

(C)作業的細目說明：

演練步驟一：請同學找隔壁或對面的同學，以非正常慷慨良善的心意之名，賞對方三至五個很跳脫不相關的名詞或動詞。

演練步驟二：儘管面對幾個跳脫且很不相關的名詞或動詞，但仍需發想、撰述、繪製出不賴的創意概念表現；亦即，仍能完成原有形象廣告的目標書寫。

例如要幫台中科技大學商業設計系發想與執行形象廣告，首先，先請別人幫忙亂加隨機詞，筆者在本作業依隨水平創意大師狄波諾 Edward de Bono 幫影印機 PO 上鼻子的範例，也以加入隨機詞「鼻子」當撰述示範，把鼻子的相關屬性去和「設計」作交集，例如「沒有靈敏的鼻子，怎麼能嗅知市場的脈動以及作品的靈動」，最後落定文案：

「沒有好的鼻子，怎有好的設計」。

(D)演練歷程與成果：

在文案撰述裡，強迫讓隨機詞硬性入場，這看似很被脅迫、很被動的行為，其實在水平思考的範疇裡，是相當自由的創意闖蕩與突圍。

隨機輸入法非常有力，但看起來完全不合邏輯。當我們需要一些新構想時，就找一個毫不相干的詞，把它跟我們的創造力焦點並列，例如「影印機 PO 鼻子」，我們要設法從這兩個詞提出新構想。隨機輸入法的大原則，是願意檢視不相干的東西，利用它來打開新思路。每個人閱讀的東西都應該有一部份是隨機的，如果你總是堅持閱讀相似的東西，你只會鞏固你的既有想法，很難產生新想法（Edward de Bono，2015，頁227）。

> 這種很刻意錯接的水平撰述動作透過動詞與名詞接軌的不合常理或者不相干，反而激起了文字上的新穎氣息與質感。就如 Edward de Bono 所言，隨機文字的作用是先堵住已有的思考路徑，再轉向那些原先隱藏不用的路徑。交通號誌與香菸的關聯，激盪出在香菸尾端一點五公分處標示紅線的構想，目的是提醒抽菸的人燒到了危險區域，讓他選擇要不要馬上丟棄。（吳春諭譯，2009: 85）

底下是班上幾組蠻有默契的組合（隨機詞陷害者與化解者兩個人），真的是沒想到的豐收效果，許多隔壁同學原本蓄意不良的陷害詞素，反而成了美好創意開展與文案開花的實用跳板。

首先，第一位同學接收到的三個陷害詞是「大塊牛肉」、「火種」與「蔬食」。

該同學逐一化解的書寫是：

「大塊牛肉」：設計就是大塊牛肉配靈感。
「火種」：靈感的火種，點燃了我。
「蔬食」：設計不能總是大魚大肉。

原本同學對設計的定義或闡述並不順遂，而這隨機提供的「大塊牛肉」讓其對設計的定義變得相當具體，「大塊牛肉配靈感」此書寫完整帶到設計作品既要有創新靈感又要有真材實料的特質。而另一個隨機詞「蔬食」逆向激盪出了「大魚大肉」，用此成語來形容設計也是很有新意，說的好像是設計不一定要要大招炫術，清新明淨也可以是另一個趨勢方向。

第二位同學接接收到的三個陷害詞是「削鉛筆機」、「尿意」和「懷孕」。

該同學逐一化解的書寫是：
「削鉛筆機」：姐削的不是鉛筆，是夢想。
「尿意」：創意就像尿意，擋都擋不住！
「懷孕」：我的腦子，胎動了！

這位同學很特別，原本在廣告文案課堂上發想了不少創意方向，也書寫了不少該方向的文案，但仍不是很滿意。還好，當隔壁同學可能想上廁所而提供了隨機詞「尿意」等陷害詞素給她時，她不僅一一化解，最後更以《失禁篇》快意地成為了其最滿意的書寫方向與作品的最後落定（見圖 4-3）。

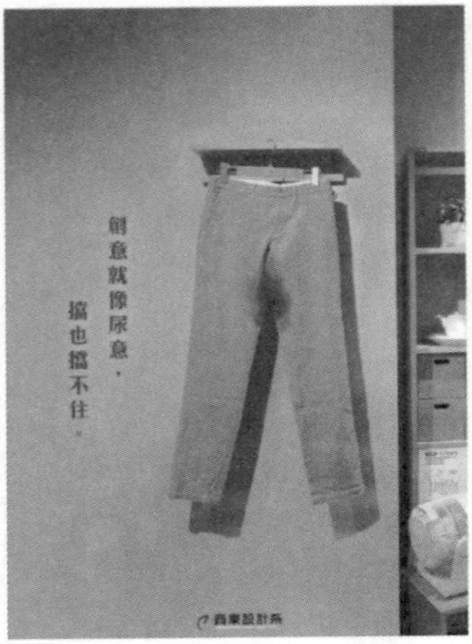

圖 4-3 台中科大商設系同學隨機鑲嵌作品

第三位同學接收到的三個陷害詞是：「白豆漿」、「鱉」、「月經」

該同學逐一化解的書寫是：

「白豆漿」：綿密的設計，咕嚕咕嚕的飲下

「鱉」：創意咬著我不放

「月經」：我的靈感大出血

這邊若沒有同學多事牽來一隻鱉，創意就無法漂亮的轉化為咬著人不放的生猛禽獸；換言之，鱉的到來，讓「創意」此比較抽象的名詞變成具體化以及更生動化了。

第四位同學接收到的三個陷害詞是：「鱈魚香絲」、「培根」、「野餐」

該同學逐一化解的書寫是：

「鱈魚香絲」：鱈魚的告白：對你的相思熬成香絲

「培根」：靈感像煎台上的培根般噗滋噗滋

「野餐」：讓創意去撒野！走吧！我們去野餐！

覓尋靈感的煎熬，若沒有培根的赴湯蹈火（其實是乾煎，沒有湯！），就不會有「噗滋噗滋」這麼充滿香噴音效的文案描述出現。這就是標準見證了隨機詞亂入的優勢美好。

第五位同學接收到的三個陷害詞是：「章魚燒」、「跑車」、「高空彈跳」

該同學逐一化解的書寫是：

「章魚燒」：章魚腳綁住了我的腦，將創意燃燒了

「跑車」：急速甩尾拐彎，熱騰騰的線稿出爐！

「高空彈跳」：思想高空彈跳，保證你不摔斷腿

肢體的開展，是有侷限甚至會受傷的；但相對地，腦袋的運轉卻是相當自由且不會摔斷腿的，透過隔壁同學提供的隨機詞素，鼓勵多動腦、創意多彈跳的書寫就誕生了。

第六位同學接收到的三個陷害詞是：「槍林彈雨」、「火鍋」、「汽水」

該同學逐一化解的書寫是：

「槍林彈雨」：即使槍林彈雨，我的專業就在這裡（見圖 4-4）

「火鍋」：設計這鍋，不斷加料才能越滾越香

「汽水」：咕嚕咕嚕冒泡泡

圖 4-4 台中科大商設系同學隨機鑲嵌作品

其實，關於隨機鑲嵌的作業，此類兼有水平特質或神經質的作業，筆者在研究所課堂也有請同學進行過另一個版本的書寫，順也提供大家參照。

另一款以拉長文案為原則的鑲嵌習作：《我的複製現象》

(A)作業背景與主旨：

鑑於一般文案書寫都會提醒、教導大家，在寫文案、下標題時，盡量要字數少一些、簡短一些。然而，水平思考就是要執意逆向、反骨的往反方向前進。此外，也讓同學演練一下「文青形式」的文案撰述。

(B)作業的細目說明：

鑲嵌規定：演練的標題，有固定的詞素「設計」必需鑲嵌進來。

作業目標：以「冗長」為目標，以「拖拉」為原則。

例如原來句子：設計又在撞牆了？

拉長句型演練：怪了，設計又在這裡那裡到處撞牆了？

例如原來句子：設計又再鬧彆扭了

拉長句型演練：設計小姐又在緊要關頭鬧彆扭了

(C)作業的實質進行：

分兩次書寫練習，先隨堂練習一堂課，之後為正式的回家作業。

隨堂演練：必需鑲嵌「我」、「創意（可替換成「腦袋」或「美感」）」、「昌明樓」三組詞素進來。

先寫短句：例如「我的創意在昌明樓開花了」

拉長示範：例如「我的創意在月夜風高的昌明樓開花了」

例如「就在昌明樓 4405 教室，我的創意開花了」

例如「我的美感在昌明樓被打了一劑強心針」

例如「我的沮喪腦袋在昌明樓開起一朵兩朵三朵花了」

例如「不斷的灌溉，我那沮喪到不行的美感終於在那昌明樓慢慢地開展出一朵兩朵三朵紅花了」

把句子拉長的好處是，拉長的一句話，截斷分配，即可造就一塊具有視覺份量的細文案，例如前面那句「不斷的灌溉，我那沮喪到不行的美感終於在那昌明樓慢慢地開展出一朵兩朵三朵紅花了」可拆改為更能撐起場面與畫面的散文式塊狀長相：

不斷的灌溉
我那沮喪到不行的美感
終於在那昌明樓
等到晨霧碎步散開的時候
慢慢地開展出一朵兩朵
三朵紅花

正式作業：《我的複製現象》

必需鑲嵌「我複製了」和「現象（或形象）」二組詞素進來。

例如原來句子：我複製了吃虧就是佔便宜的現象

拉長句型示範：我複製了吃點虧反而歷練佔便宜的現象

當達到至少書寫一款符合兩個鑲嵌規定的文案；亦即符合基本規定後，可把「現象」兩字拋捨掉，例如把「我複製了吃點虧反而歷練佔便宜的現象」此句文案改寫為「我複製了一種吃虧反而佔便宜的歷練」。

(D)演練歷程與成果：

榮君同學的拉長定稿文案：我複製海的五十米深藍，自在做自己

富智同學的拉長定稿文案：我複製了秀拉點描畫作的形象

芷瑩同學的拉長定稿文案：夏天的時候，我複製了冰淇淋怕熱的現象

冬天的時候，我複製了蓮蓬頭的流水潺潺

姵汝同學的拉長定稿文案：我複製了陀螺平衡轉動的現象

淩暘同學的拉長定稿文案：我複製了魚身鱗片的密集

韻宇同學的拉長定稿文案：我複製了時針的若無其事

秭盈同學的拉長定稿文案：我複製草間彌生的波點現象

雅茹同學的拉長定稿文案：吹彈可破的我。在設計中複製了孩童的樸實與純真

庭瑜同學的拉長定稿文案：我複製在糖、香料與美好味道中誕生的最美力量

雅玲同學的拉長定稿文案：我複製了鑽石永恆的現象

佳穎同學的拉長定稿文案：我複製了影子的瞬息萬變

馨斐同學的拉長定稿文案：我複製安迪沃荷普普風的色彩多變現象

我複製福田繁雄暗藏玄機的錯視現象

佳佳同學的拉長定稿文案：我複製那炙燒生魚片外剛內柔的焦香美味現象

佩容同學的拉長定稿文案：我複製太陽花向陽的現象

佳筠同學的拉長定稿文案：我複製鳳凰眼眸的銳利現象

怡慧同學的拉長定稿文案：我複製了哈雷機車的跨界張狂形象

可名同學的拉長定稿文案：我複製了垂直水平的二維現象

羽承同學：（見圖 4-5）

起始句型：我複製了女王頭的女王形象。

拉長定稿：我複製了野柳女王頭危機與美感共存的現象

智文同學：（見圖 4-6）

起始句型：我複製了時間再生的現象

拉長定稿：我複製著時間，使事物崩解，消滅，再生的現象

圖 4-5 台中科大商設所同學文案刻意拉長作品

圖 4-6 台中科大商設所同學文案刻意拉長作品

後記之一：整個「複製現象作業」跑下來，可喜的現象是，同學們在鑲嵌老師的規定詞素之餘，都沒忘了上一個鑲嵌作業的撰述要領，那就是找來具體的符號或詞素，讓文案更真切、真實。例如「糖」、「陀螺」、「時針」、「魚鱗片」等。

後記之二：文案的撰述，明知創意、獨特為先，但很容易會陷入固定的書寫模式，特別是該模式是安全的甚或受肯定的。而身為教師的筆者，自然就是負責破壞慣性思維，同步擔綱鷹架的角色。例如前幾堂發現並肯定某些同學押韻對偶功力深厚，但接下來這幾位同學不小心自滿些或懶惰些，就很容易落入固定招式，而筆者最常用「具體鑲嵌」、「隨機鑲嵌」等各種硬性規定來強迫矯正其書寫方向。例如有些同學標題可以寫得很好，就不想多去寫長文案，筆者規定大家寫廣播文案，因看不到畫面的廣播腳本需要起承轉合，更只能靠文字來塑捏情境氛圍，所以動用字數必定增多，等廣播文案寫好了，再套到平面廣告裡當長文案，同學都開心竟然被迫的、卻也自然的，書寫出精彩的長文案。

章五　激盪、激勵、示範，課堂三鷹架

前一章節的後記提及到教師除了教授知能、指導撰述之外，也擔綱著鷹架的角色，這每回課堂，無論筆者提供的是紙本或數位教材，甚或此回激盪的素材備料多寡差異（例如某些辭格的作品範例就是比較少），其實在硬體內容之外，整個授課與撰述演練環境其實也很重要，若能提供學習者優異實用的鷹架以及正向支持的氛圍，整個教學活動的成效自然可期。

教學實用鷹架

關於教學的實用鷹架，Wood, Bruner 和 Boss 以 Vygotsky 的「近期發展區」概念延伸提出此「鷹架」（Scaffolding）的概念（1976）。他們認為在幫學生學習表現提供鷹架時，教師常使用以下策略，且不斷修正：一、訴諸學生的興趣，並引發學生的學習動機。二、減少或簡化解決問題的步驟，免除學生不必要的困擾，使其更專注於所從事的學習活動。三、持續的引導，讓學生能朝學習活動目標邁進。四、標示差距，即是在學生提出的解決方法合理想的解決方法之間標示差距。五、控制挫折及危險，協助學生能調適學習的所遭遇的挫折。六、展示理想的行為表現，提供學生模仿學習。（轉引自陳淑敏，1994）

至於 Gallimore 和 Tharp 則認為增進學生的發展，有以下六種方式：一、示範（modeling），亦即提供理想行為當學生模仿的楷模。二、立即獎懲（contingency），亦即根據學生的表現立即給予獎賞或懲罰。三、回饋（feeding back），亦即針對學生的表現，確切提供回饋意見。四、教導（instructing），亦即有效有助益的指導。五、發問（questioning），此能讓學生有機會練習思考及語言表達。六、認知組合（cognitive structuring），此乃提供學生思考及操作性的結構性教材。（轉引自 Watt, 2002）

鷹架一直都在

筆者發現自己的《廣告文案》課堂教學幾乎都有做到專家提供的鷹架作為。例如「標示差距」，這正是同學在課堂現場演練文案時，筆者常用的激盪與激勵方式。好比在教授「仿擬修辭」此細目辭格時，會同時舉學長姐得金犢、銀犢等大獎的仿擬作品來讓同學觀摩，也同步會拿其實沒特別優異但仍入圍賽事的仿擬作品來做比較，讓同學在激盪觀摩之餘，知道特優、優等、普普等作品的樣貌差距。

不過，總結自身多年的教學經驗與心得，個人覺得激盪、激勵與示範是三個最實用的鷹架。

激盪告別空蕩

正如本書前面篇章所言，文案幹的是創意的活；亦即，沒有創意，根本沒活口。在一般的理論課堂上，沒人保證當下老師給的題目，會不會腦袋一片空白，怎麼開展心智圖都剛好心智梗塞、思維始終保持便秘狀態。筆者提出的水平修辭，就是要提供同學實用的創意激發鷹架，不管是在開展心智圖或開展老師教授的切概念展圖，而筆者廣告文案課堂的刺激資源主要是借力於文學修辭（先引用鑲嵌修辭，再兼用其他辭格），並輔以語法變化及符號系譜的兼用與活用。

激勵充電動力

當然，在創意思考的教學現場，這鷹架功能除了來自具體且能引導、激發創意的教材之外，另一種無形的鷹架就是鼓勵、激勵的態度與制度。正如同王文中、鄭英耀（2000）在其創造力發展的研究裡指出，創意的培養首重尊重、鼓勵、提供刺激，其次是積極的指導。（轉引自王淑娟，2003：35）

每回學期結束，同學的教學回饋單幾乎都會提到筆者超級會肯定、讚美同學的，就算同學寫的、想的、畫的看似沒啥特別精彩處，筆者還是能找出該作品的優點與機會點，至少會告訴他還不賴，至少引用了哪些辭格。例如很普通的書寫「今晚你餓不餓？」我常有的激勵型態回應是「不賴，你利用設問修辭讓標題比一般直述句更有吸引力！而且文案裡面，用第一或第二人稱會比第三人稱更能引人入勝。」

示範拉近距離

其實，每回引領同學在課堂上演練各種文案書寫，筆者都是現場直接舉例、當場示範。例如有一次文案課的期末作業，決定請同學在系上走廊評圖，因每人輸出兩張推廣台灣景點的作品左右規定不一，因而筆者把「期末作業規定」也做成自己規定的樣子，好比自己也做了評圖作業，既可公告作業規範又可示範文案撰述的一些具體鑲嵌要領（見圖 5-1）。

廣告文案課堂尾巴的詩性開屏

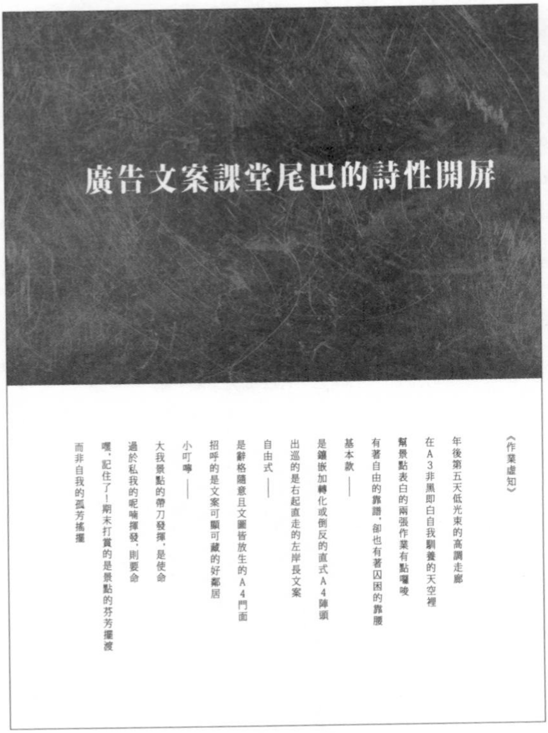
廣告文案課堂尾巴的詩性開屏
《作業虛知》
年後第五天低光束的高調走廊
在A3非黑即白自我馴養的天空裡
幫景點表白的兩張作業有點囉唆
有著自由的靠譜，卻也有著囚困的靠腰
基本款——
是鑲嵌加轉化或倒反的直式A4陣頭
出巡的是右起直走的左岸長文案
自由式——
是辭格隨意且文圖皆放生的A4門面
招呼的是文案可顯可藏的好鄰居
小叮嚀——
大我景點的帶刀發揮，是使命
過於私我的呢喃揮發，則要命
嘿，記住了！期末打賞的是景點的芬芳擺渡
而非自我的孤芳搖擺

圖 5-1 自己示範，把期末作業公告處理成規定的作品樣貌

作業需知放大文案

《作業虛知》

年後第五天低光束的高調走廊
在A3非黑即白自我馴養的天空裡
幫景點表白的兩張作業有點囉唆
有著自由的靠譜，卻也有著囚困的靠腰

基本款——
是鑲嵌加轉化或倒反的直式A4陣頭
出巡的是右起直走的左岸長文案

自由式——
是辭格隨意且文圖皆放生的A4門面
招呼的是文案可顯可藏的好鄰居

小叮嚀——
大我景點的帶刀發揮，是使命
過於私我的呢喃揮發，則要命
嘿，記住了！期末打賞的是景點的芬芳擺渡
而非自我的孤芳搖擺

順道欣賞一下同學盡量多做具體鑲嵌、細節描述的寫作（見圖 5-2 右邊作品）

《綠色的詩》

春天，
錯雜著陽光灑落
海藻們開始集結成軍
試圖將綠意包覆岩礁
繪出春天的色彩！

鮮綠海藻
像個詩人
在蟄伏海岸的赤褐岩身上
寫下一首長詩
彷彿上天賜與的綠地毯
繽紛的點綴了大地
等待海浪的音律來演繹
探視它婉轉天成的身影

我知道
綠波的蕩漾
是青春的後搖
我知道
海浪的終點
是青春的水平線

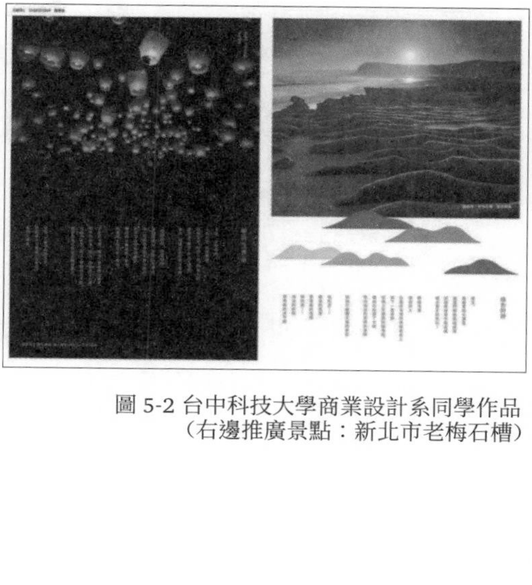

圖 5-2 台中科技大學商業設計系同學作品
（右邊推廣景點：新北市老梅石槽）

其實，這些實用的鷹架，無論是巧適充沛的激盪、正向即時的激勵以及親身融入的示範等，都是為了讓同學在創作時更有方向、更有參照。老師的角色，除了在兩側守候，適時出手提供鷹架功能，更是引領、陪伴他們過橋的角色。就好比我搬來「品牌垂直基軸」與「水平表現展軸」，綜合了修辭、語法及符號等不同領域的知能，重點都是在若途中遭遇險河急流時，此時備有橋架又有護身膺架，就能好好護送愛寫文字的人安全渡河。

鷹架護送過橋

換言之，在課堂上，除了教材，還要有鷹架，還要有橋樑。正如 Wood 和 Wood（1996）認為的，鷹架理論的意涵是指導者於學習者的學習起點和預期完成的新任務期間，扮演著「橋樑」的角色，提供鷹架以支持學習者解決問題。學習者真正開始在問題解決方面扮演積極的角色。（轉引自王淑娟，2003：40）筆者對這「橋樑」的角色特別有感觸，尤其是在課堂現場引導同學進行「隨機鑲嵌作業」時，更是要做好幫目標書寫搭橋的角色，畢竟這些隨機詞彙跟原本要書寫的任務看似毫無關聯。而其實，平時把同學頗有感覺與自我風格的散文或新詩引導、變身為替品牌服務的商用文案，都也是在做理性感性、水平垂直之間巧適交集或轉化的橋樑啊！

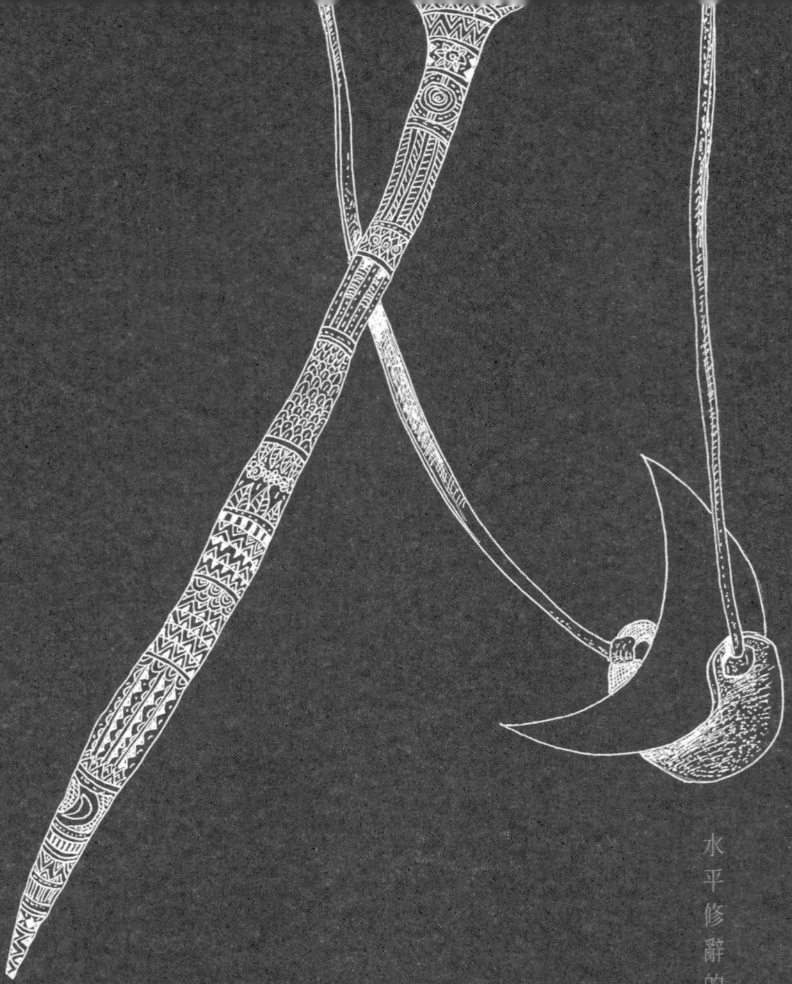

水平修辭的圖文創作私房演練一

月開趴（ㄗˋ ㄧㄝˇ ㄕˋ）

傳說有人射下九顆太陽，我則妄想升起十面月光

趴在右邊的月光下
醒來　就開趴

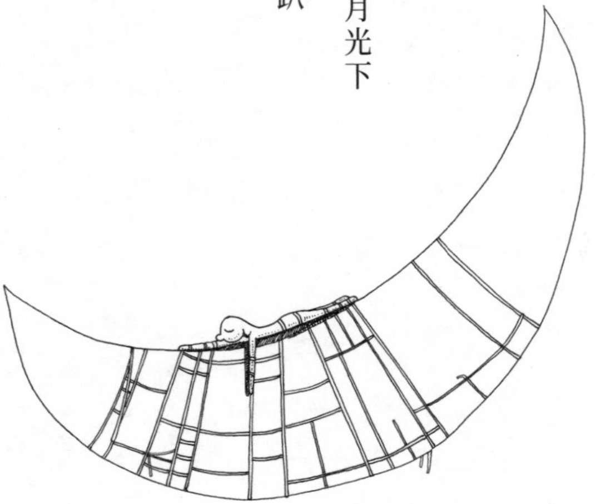

探頭向右
撈起三分之一球半生熟的月光
擲向明快
但失溫的遠方

自序

趴著，請臉朝右邊

記得筆者自己超多年前的小學課堂，午休時為了防止同學不睡覺亂講話，老師規定我們不僅人要趴下，乖乖地把頭擺在桌子上，而且臉要朝同一個方向，以免與鄰桌同學對看很順眼跟很不順眼都會引發話題，干擾午睡大事。小時候不懂，以為老師在擺威嚴架子、耍威風袍子，長大了才知道老師的苦心，原來不僅是引領大家能夠領悟，甚至直接實踐體驗右腦思考的種種美好。

換言之，老師要我們趴著朝向的角度，其實就是右腦思考的角度，也是水平式思考的角度，也正是《月開趴》此單元邀你與創意一起奔走的角度。

小時候老師午覺裡的向右規定，還清晰的釘在我腦海裡，沒想到，今日就好比那個那個那個很古早的年代（詞素的刻意拉長就是一種很月光下軟性感性開趴的水平行為！），放學時放的交通規則歌曲裡的歌詞前兩句「清早上學去，走路靠右邊」。今天吾亦已忝為人師，自當矢志接棒誤人子弟之志業，續引領對創意有志或有特殊情愫之士一起來罹患、身染右腦偏頭痛的諸多症狀，期能在創意發想與執行顛沛但愉悅的路上，一路靠右，恣意趴遊。

潮濕的午後，
在滑了一跤以後，
裂開的思緒與心得
反而更香甜了

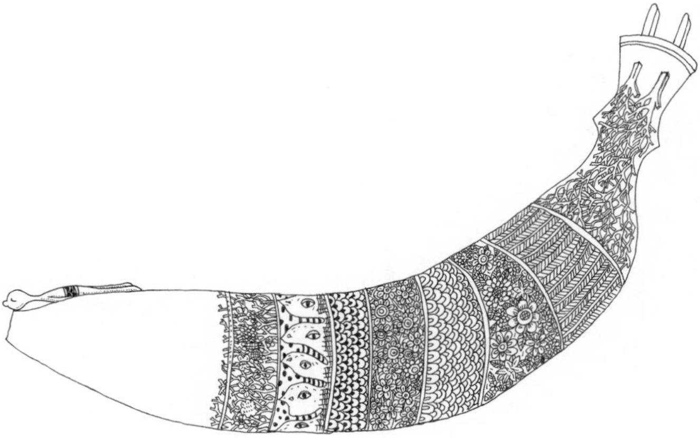

月開趴私房心智圖目錄

擁擠的春天竹筍
客滿的夏天吸管
失手的秋天鴨子
裝箱的冬天下巴
意不走紅地毯
創意忘了來敲門
創意老是錯過靶
創意想摘什麼果
差一點
差一點
差一點

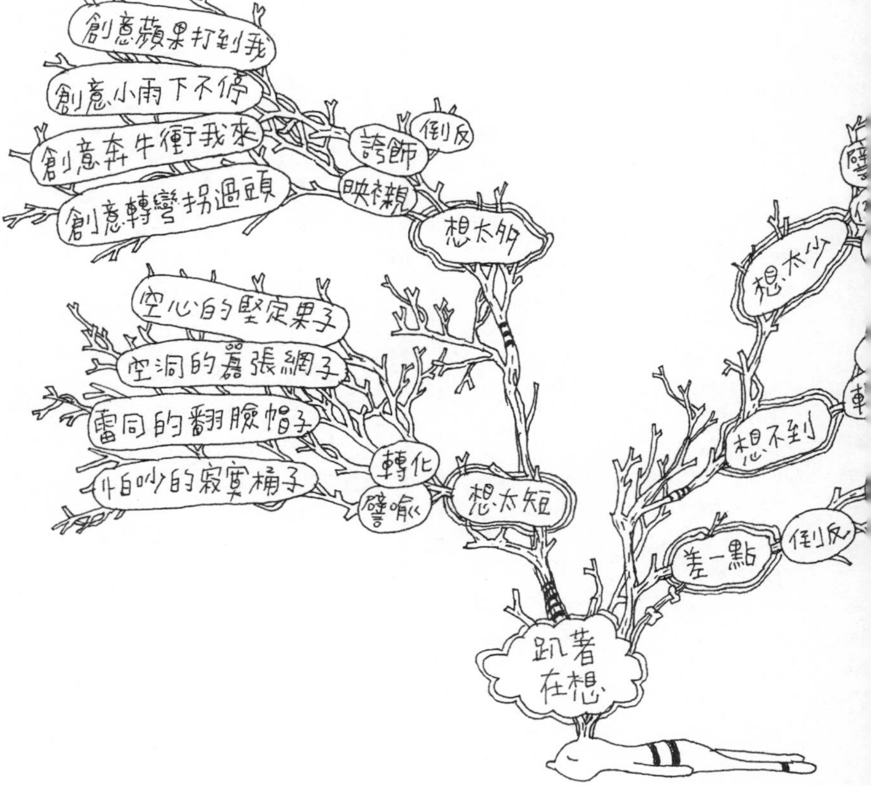
創意蘋果打到我
創意小雨下不停
創意奔牛衝我來
創意轉彎拐過頭
倒反
誇飾
映襯
想太多
空心的堅定果子
空洞的囂張網子
雷同的翻臉帽子
怕吵的寂寞桶子
轉化
譬喻
想太短
想太少
想不到
差一點
倒反
趴著
在想

趴著在想　想太少

創意發想與執行時，為了迎合市場與客戶青睞的速效，有時候缺了明智的訊息以及貼心的思緒就去出發、去拼搏，其實很容易出狀況的。趴著想時，別忘了先確切地灌溉一下腦袋的肥沃。

就像《擁擠的春天竹筍》講的是市場對應錯了，點子源源不絕其實是沒有意義的。《客滿的夏天吸管》則是關照腦袋的輸入，別只是吸納客戶高階尊榮的嘮叨，更要是真正客觀營養的輸入。《失手的秋天鴨子》講的是誤了訊息而誤入歧途的偏失創作，感嘆的是一種瞄錯靶的滿分。《裝箱的冬天下巴》則是結語要有上揚的下巴，得先從收割豐沃的有用訊息下手。

註：Edward de Bono 的白帽（white hat）代表的是白紙與訊息，創作的養分來自充沛的瞭解與體認，那些無論顯見的、隱伏的、中流主幹的、細尾岔支的，只要訊息確切了，創意自然就對味甚至讓人吃味了。

想太少的1號

擁擠的春天竹筍

春天的竹筍
爭先恐後地推擠在前頭
跟悠遊的錦鯉打聲招呼後
結伴合體
凍結在最清冷的魚市場
池塘邊

明明知道，速度是淺薄的溫床，但客戶總是要你快、快、快。牠們希望你的作品像春筍一樣不斷地快速湧出來；而你自己也期盼像一尾尾悠遊的華麗錦鯉，驕傲地跟客戶與觀眾打招呼、搏感情；然而，事實上，對象輪廓不明、不親、不貼近，在趕集趕工的狀態下，只是一堆大量相像、苟安的作品情不自願地集體曝曬在市場的廣場上。

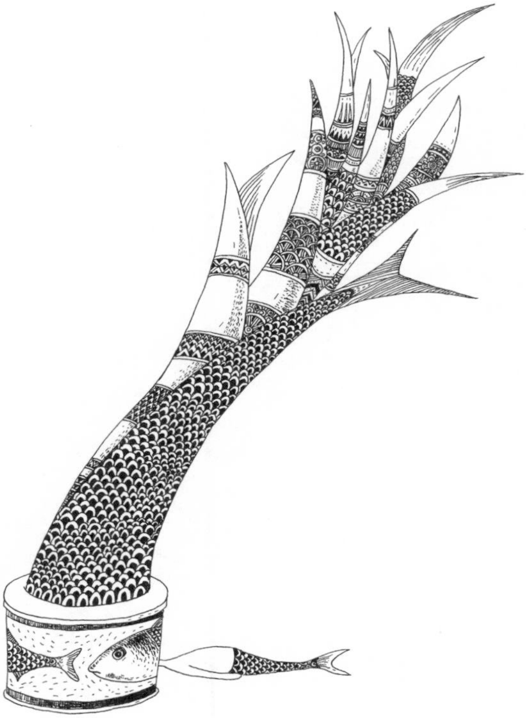

想太少的2號

客滿的夏天吸管

什麼？
太陽太大了
你又怪我腦袋餡料不夠止渴？
拜託！你們的吸管塞滿了我的杯子
我怎麼會有額外的空間
為你擠上
既新鮮又回甘的
肥美汁液

創作時，總是需求與規定特別多，有時候，還一個案子堆疊著另一族群又另一宗族的案子而來，當行程過於緊繃，資訊力的鋪陳與吸收先行退化，創意力也就不自主地跟著下滑，這時候，可不能只責怪創作者的腦子，因為他的腦袋都裝滿你的東西了，怎還有空間產能他自己的料呢？

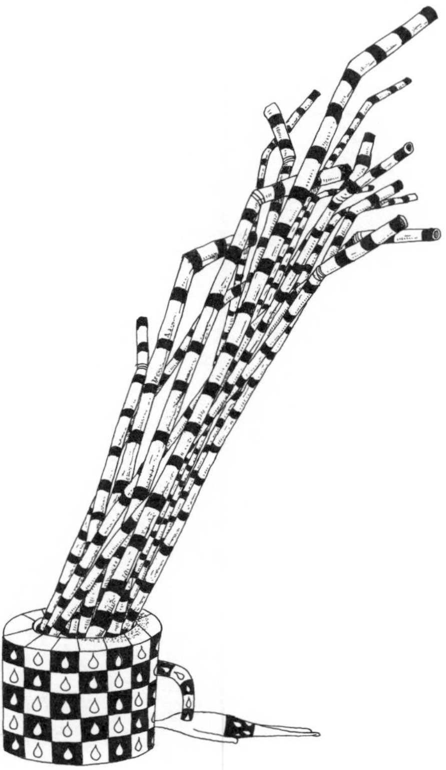

想太少的3號

失手的秋天鴨子

秋天的鴨子
鴨霸地決定肩並肩
一起排隊來塞滿整條溪河
我站在河邊
焦急地想要舀一瓢水
卻總是失手
只能撈到不該撈到的
肥美鴨子

創作總是這樣，當要為A案貢獻點子時，剛好腦袋留白，進度踏空；諷刺的是，除了此案，對B案、C案等其他案子的想法特別多。該來的不來，不該來的卻一直來拜訪。唉！反正是肥美的點子，管他有沒有對準客戶，或來得是不是時候，對自己而言，仍是值得暗暗收集與淡淡喝采。

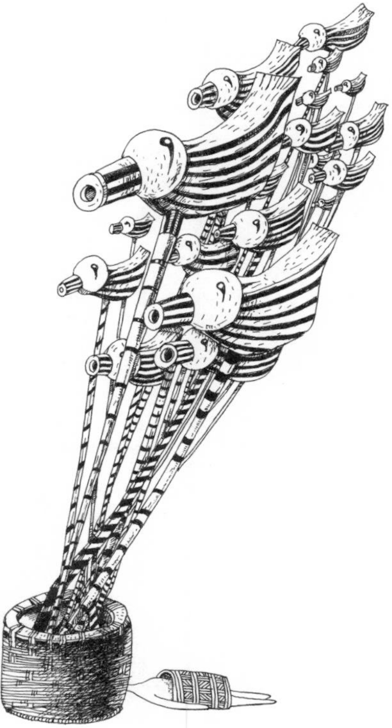

想太少的4號

裝箱的冬天下巴

囂張的點子
醬爆似地
又排山倒海而來了
那洶湧的氣勢
和那討人厭的高傲上揚下巴
頂得人家
這個冬天
好痛　好痛

創作的壓力，不只是來自坐上位的客戶，還有來自隔壁座位或隔壁組的創作夥伴。，想想，當隔壁組總是高調地慶賀又贏得比稿回來，而自己卻身陷產能低落，無法掙回什麼像樣客戶之窘境，亦即，當創作者的優越自尊開始出現裂縫胎記時，那種壓力才是搬不開最沉澱的石頭。

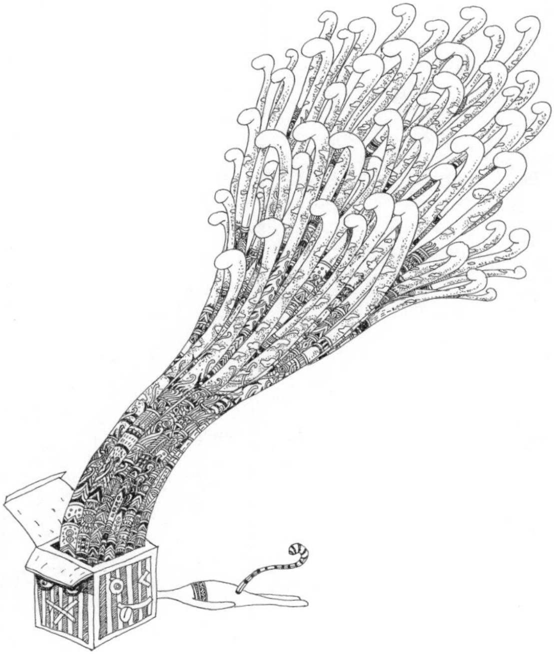

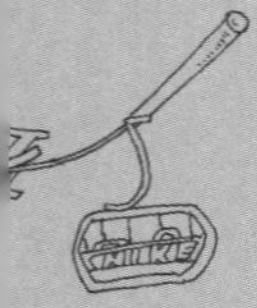

趴著在想　想不到

每個人都在等待創意的眷戀，從黃昏等到清晨，從桌腳等到街角；但是這被動的等待不如主動的掏出暖烘熱情，去追覓、去得到。

就像《創意不走紅地毯》畫面裡虔誠費工鋪的紅地毯，以及《創意忘了來敲門》畫面裡一扇扇代表著各種嘗試與努力的各式門板，但對方就是不想來拜訪，有時候，創意真的不只是招數、禮數夠不夠的問題，而是熱情暖態夠不夠的答案。就像《創意老是錯過靶》提醒在欣羨別人之餘，是否該果斷地、熱情地也升起自己專屬的靶，方能奢望有個漂亮的彈著點。《創意想摘什麼果》則是結語創意發想要能覓得正果，得先施善播種多些熱情的種子才行。

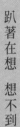

註：Edward de Bono 的紅帽（red hat）代表的是火焰與暖度，映照的是創思創作感情與直覺的部分。直覺是創作前進、推展的靈藥，少了熱情，創作要有暖度，呵，有難度。

想不到的1號

創意不走紅地毯

趴著在想

前前後後
鋪了整整 1200 呎
的頂級波斯紅地毯
還是不夠有誠意？
為何點子還是
不願意跟我作朋友
或至少
下來聊聊

創意的迎賓，不在鋪張道具的華麗與否，就像文筆的優美，不在書寫工具的娟秀或幣值。熱情像是個張揚撒出的網子，愈熱情網目就愈密集，也就愈能讓豐收熱鬧地湧現在市集裡。

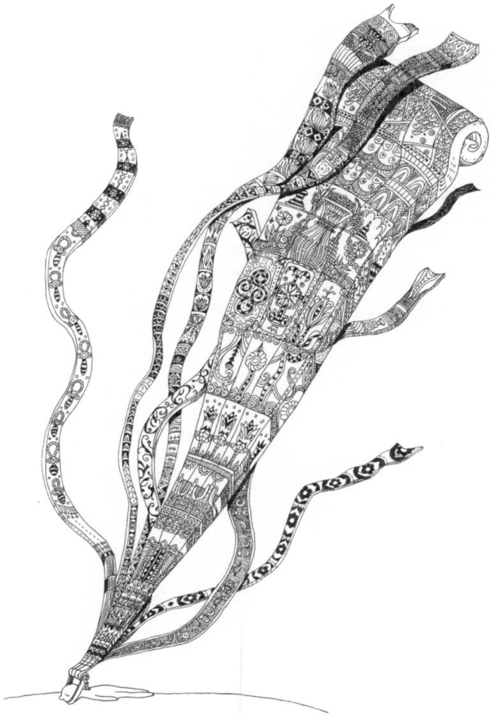

想不到的2號

創意忘了來敲門

趴著在想

一扇扇
各種款式的門板
都備妥了
有軟、有硬、有凹、有凸
有花、有草、有繁、有簡
可是，這點子
就是遲遲
遲遲未來敲門。

怪創意太見外，總是不來敲門拜訪？如果他就在門外而且還距離不遠，那麼，何必被動地在門板後面枯等，就帶著熱情，大放的出門去跟他打招呼吧！

想不到的3號

創意老是錯過靶

趴著在想
很納悶
好的點子
到處飛來飛去
卻怎麼老是錯過自己的靶
或許
不是別人的竿子較高或靶子較大
而是自己的靶
根本忘了
升上來

不現身、不備料、還不帶感情，卻要和創意打招呼、交朋友？這種緣木求魚的點子妄想癖症，熱情算是最佳的補帖與解藥。

想不到的4號

創意想摘什麼果

趴著在想

想摘什麼
是否得先看自己到底
栽了什麼

唯有
紮實深埋夠多的蔓延根鬚
方能
展開繽紛放肆的枝葉

如果你對創意根基、憑仗、盤纏著的知識脈絡沒有熱誠，卻說對創意有熱情是沒有用的。因為若缺了熱情，根鬚往外定錨展延的力道就會消降，這時候說會能長繽紛的林蔭是不太可能的。

趴著在想 差一點

創意在盡興奔跑、調皮彈跳的時候，總有冒失過頭、拐彎過力甚至瀕臨閃失的那一刻。做為一個判官，當執行方向用力了、盡力了，但落差總是存在時，果斷一點，儘管只差一點點距離，還是需隔離甚至放棄一下，留點氣力去成就別的可能。

《創意高度差一點》講的是過於天真賣力逐階而摘星的傻徑。《創意收訊差一點》則是以雜亂的基地台來隱喻創作的慌境，為了點子過於傷身傷神的警訊。《創意溫度差一點》則是借用春天來臨一切春意蕩然，但唯有腦袋空蕩蕩的對照結局，暗喻著創意人陷入落單與辛勞的危機。《創意總是差一點》則結語創意職場裡常有的境遇，明明就不賴，但怎麼都差那麼一點點時，也許換個徑、轉個境方能真到位。

註：Edward de Bono 的黑帽（black hat）代表的是法官的衣袍，是一種警訊，是創意奔馳竄流時避免傷害閃失的護具；畢竟，有些冒失與冒進還是需是節制一下，踩踩煞車。當然，會讓人厭世的黑臉能少展露就少登場。

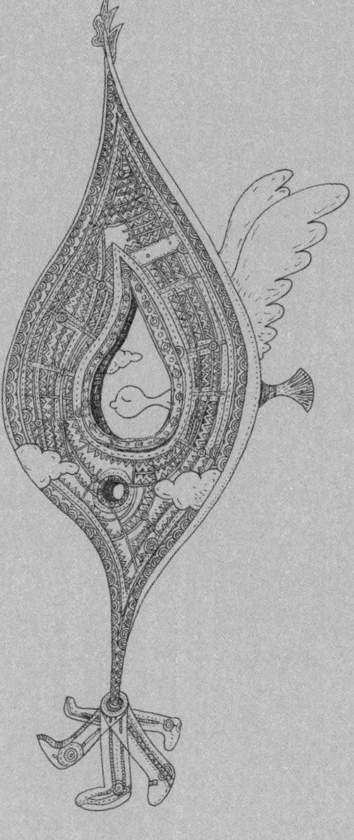

差一點的1號

創意高度差一點

趴著在想

高度
就只差一點點
只要再給我一把椅子
我發誓 只要一把
再拉我一把
我就可以
摘到星星了

沒錯，就像人們老想攀附權貴，點子總是想在品味品質上更上層樓。但並不是所有的點子都適宜拉拔到貴族花園去。畢竟奢華的宮廷裡，哀怨的囚室也不少。所以，摘星累了，就坐下來休息一下再出發。

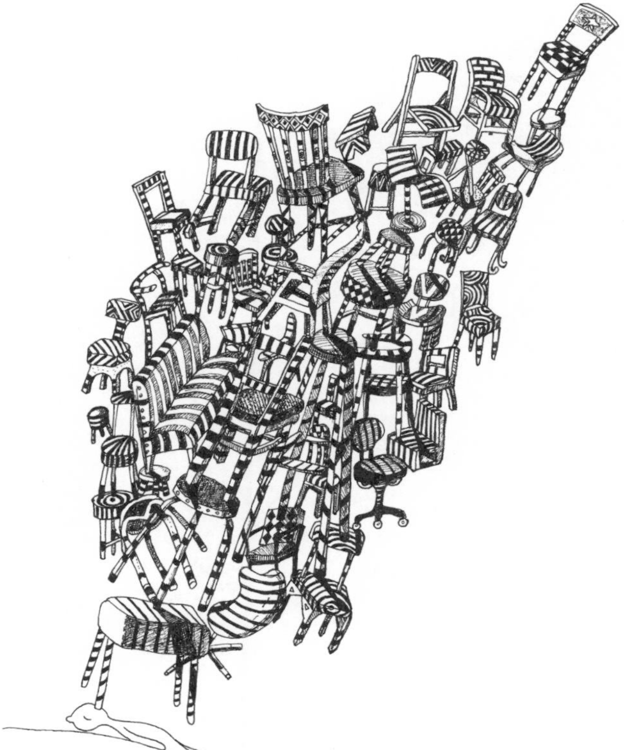

差一點的2號

創意收訊差一點

趴著在想

嗶啵！
嗶啵！
有聽到了
聽到點子的影子的碎步聲了
不過只差一點點　還不夠清晰
只要再加裝
一支
二支、三支，或三支以上
就可以了

沒錯，自以為創意的亮度夠了、音量也足了，自信滿滿的是已達陣的豪華點子陣容；但結局也總是，就差那麼一點、差那麼一點，對方就是在品味上、預算上、共識上、星座上差那麼一點點，就沒有收訊到，唉！失敗。

差一點的3號

創意溫度差一點

趴著在想

春天來了
風兒暖了
花兒笑了
一切都開始愈來愈美好
只是
我那迎春的腦袋瓜兒
怎麼到現在
連一扇蝶的尾巴
都還沒抓到過

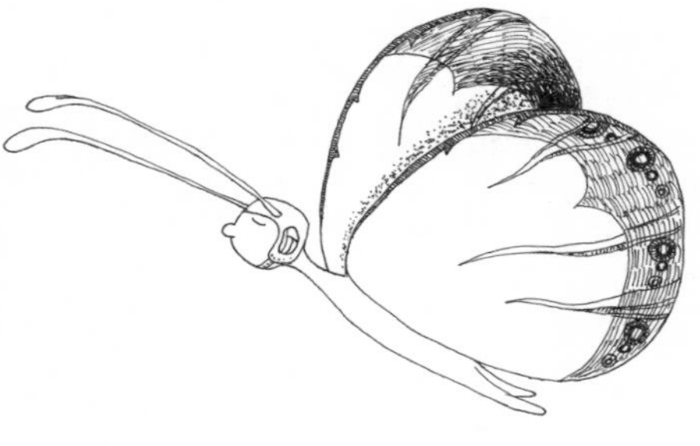

沒錯，有些時機很優、有些趨勢很壯、有些市場很厚；但是，那些充滿甜頭的方向，未必是適合你的路徑。想要抓蝶，網子再大，朝錯了方向，飄過來的還是黑帽一頂。

差一點的4號

創意總是差一點

趴著在想

快哭了
終於長出細細的穗花了
什麼？這不是稻子
只是很像而已。
是就是，不是就不是
什麼叫很像而已
什麼又叫點子不錯，
只是還差一點點

沒錯，有時候點子的樣貌神似美好，其企劃甚至更接近神話；但是，過頭的衝動，不僅得不到肯定與感動，還會到處冒出一個個尷尬的坑洞。

趴著在想　想太多

要有幾個好的創意，你得先有好多個創意；同樣地，創意的發想與執行想跟深度牽扯，得先多跟文化很貼近很關懷才行。儘管不容易，儘管巧適地從符號系譜打撈了好料，又幸運地毗鄰安排得也很剛好又美好；又也許，招式或掛勾的符號過於明顯熱用，但還是像樹一樣去開展、去茂盛吧！

就像底下的四篇作品，跟很多的設計從眾一樣，儘管無法深深守候、汲取不了文化的飽和汁液，我仍要鼓起自信，淡淡的，偷偷的用符號去接枝冒芽，順便撐著紙傘，依隨著黃蝶的倩影和油桐花香，淺淺的划著客家的船槳和你一起出發了！

註：Edward de Bono 的綠帽（green hat）代表的是植物，意味著成長、能量與生命。這是一頂充滿創作動能的帽子，配備的是點子運作的主軸氣力，可以讓創作擁有更多元的修潤與開展。

想太多的1號

創意總是差一點

趴著在想

很怪
我家那棵點子樹
葉子雖稀稀疏疏的
但卻長了好多大大圓圓沉沉的果子
一絲絲的風或一點點聲音
那些飽滿的點子都會
叮叮咚咚　紮紮實實的
打在我那躺平的大面積的身上

好痛好痛
好痛快

事實上
頭上只剛冒出一頁
嫩綠的芽

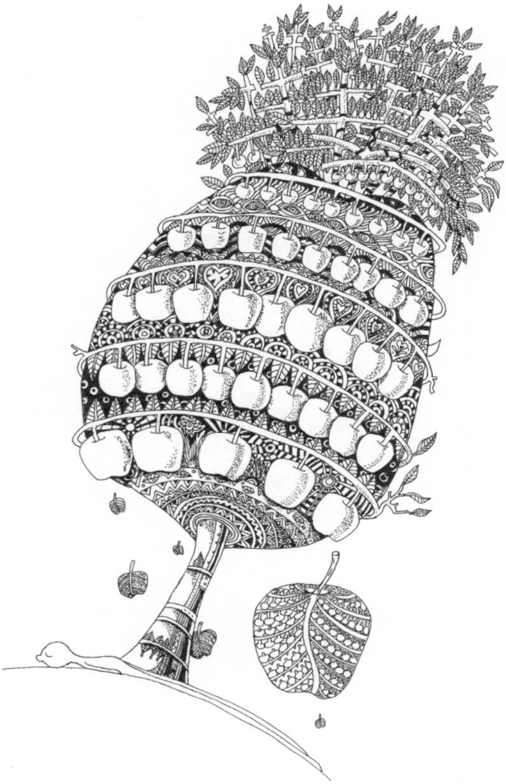

想太多的2號

創意點子下不停

趴著在想

不知為何
好多漂亮的點子
來得好急好急
一珠珠飽滿地灑在身上
好閃好閃
一串串推擠著潑在頭上
好跳好跳
一顆顆晶瑩飽滿的好點子
叮叮咚咚愈下愈大

轟隆隆地
傾注到那早已滿溢的
我的腦袋的口袋裡

事實上
這個乾旱已經持續了
好長一段時間

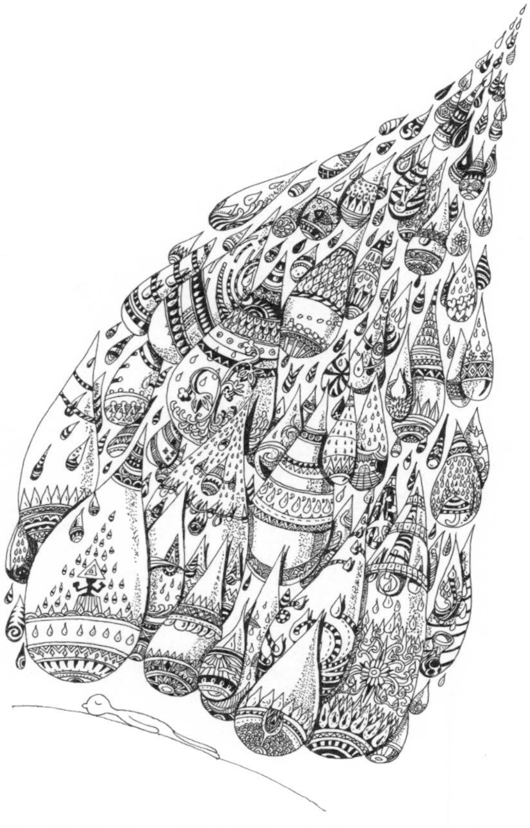

創意奔牛衝我來

想太多的3號

趴著在想

又來了
點子又氣沖沖地
無端衝著我狂奔而來
而且又再一次
把我壓倒
無賴地趴在我身上
怎麼趕
也趕不走

事實上
他沒有賴著不走
只不過
蝸牛真的走得
很　慢　很　慢

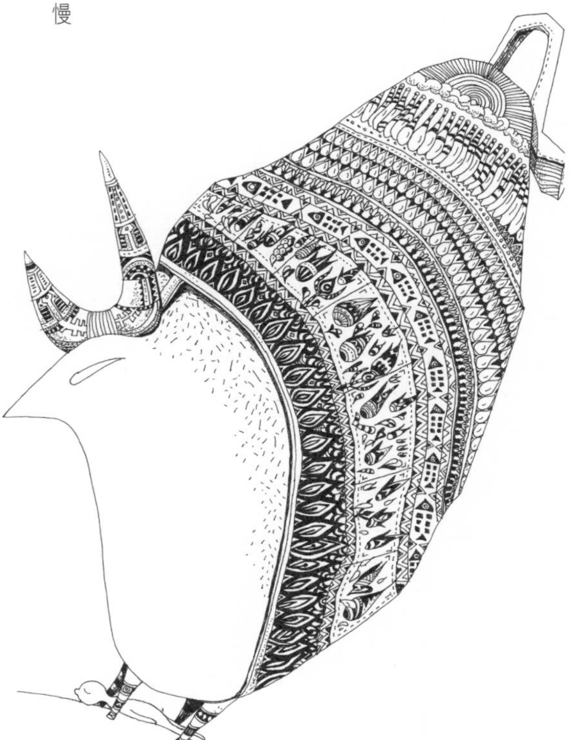

想太多的4號

創意轉彎拐過頭

趴著在想

既然
創意就是多做轉化的動作
於是
我腦袋的方向盤
卯起來打轉
左轉　右轉　迴轉　再左急轉　再右……
轉到方向燈都快燒掉了
頭也熱熱的

我想　今晚是否
轉太多了

拜託
打結的時候
不用去算繞了幾個彎好嗎?

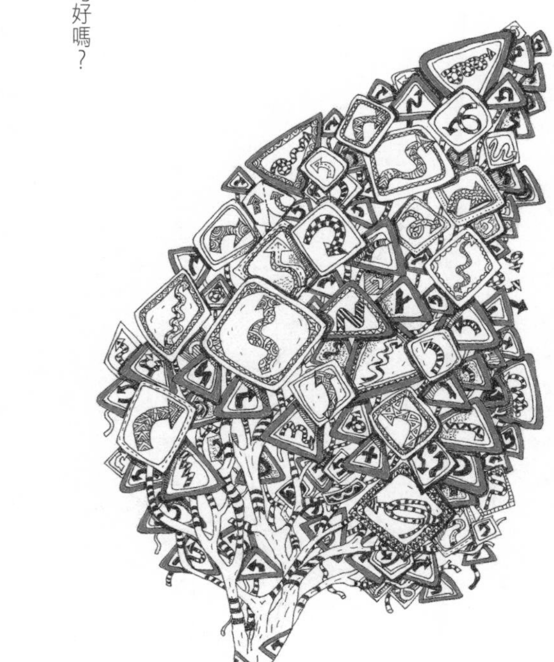

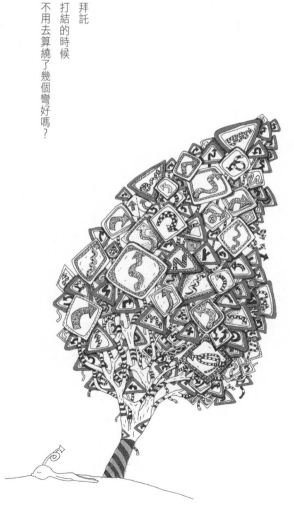

趴著在想　想太短

創意就像植育秧苗，整個流程都要層層關照，好好守護。總是這樣，在哪個流程環節少了點用心用料，紕漏屝頁就會恰巧奔洩在那個尷尬的角落縫隙；換言之，創意再忙，還是要常回頭檢視、控管整個脈絡流程，找出短線、短視的問題，讓整個創作進行更全觀、更全局。

創意流程裡的填料必須紮紮實實。《空洞的囂張網子》主要在描述網子的層疊再高，若少了內容深度，到最後終會陷入軟腳空洞的境遇。至於《空心的堅定果子》則是以塑膠花不凋謝的優勢來反諷速成創作不精彩的劣勢。《雷同的翻臉帽子》則是以過於仰賴貼近慣用的符號聯想來提醒創作流程裡多些耐性往遠處彎暗處覓尋。最後的《怕吵的寂寞桶子》則是強調作品客觀檢定與控管的需求，掌聲虛實的回饋必須真實與確切接收，畢竟短了一點，短就是短，還沒到位就是沒到位。

註：Edward de Bono 的藍帽（blue hat）代表的是天空、全局，也意味著創思程序上的控管動作。戴上藍帽常是為了組織和控制創思的歷程，讓整個思考過程更有成效。

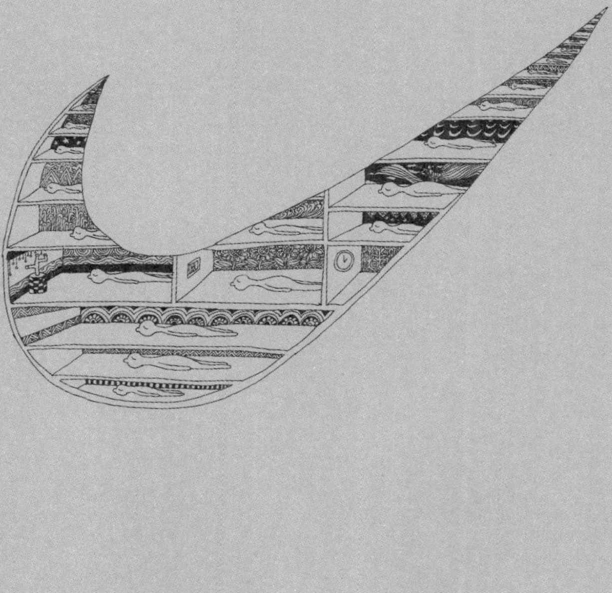

想太短的1號

空洞的囂張網子

囂張的網子
這回又要出鞘了
一路往空洞層疊的骨架
撲空而去
再新潮的道具
再華麗的舞台支架
都撐不起內涵的深邃秤鎚
只是一再敗訴著
當點子
欠缺深度
真難渡

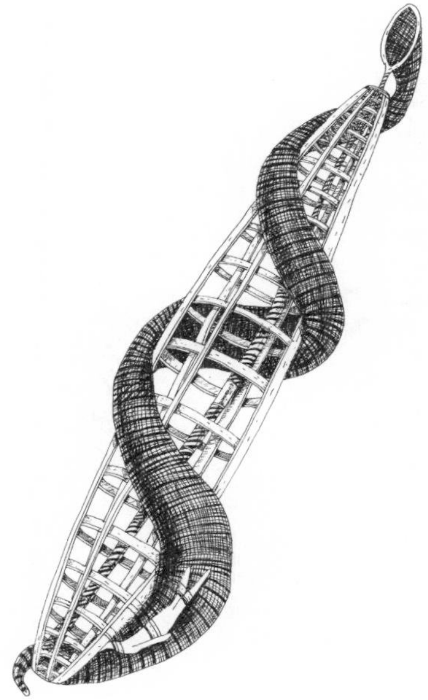

華麗的框架，似乎可以撐起上得了台面的格局，但硬撐的臂力總是不足。少了深耕的內涵修為，不是腳軟就是手無力，總在咬牙快撐不住的剎那，才臉紅後悔無論講演得多華麗，或招式動作多炫目，過招超過幾招，就糟了。

想太短的2號

空心的堅定果子

沒錯
誰說需要辛勤播種的？
一朵二朵三朵
不一會兒功夫
樹梢早已綴滿了
尺寸與色澤都過度飽和的果實
也沒錯　是塑膠的
像插在便宜餐廳便宜餐桌便宜花瓶裡的焰紅花蕊
至少永不凋謝
只是不精采而已
只是你我他都完全不想理睬而已

是沒錯，資深的創作人員，很容易就能產出水平以上的作品，但真的就只是比水平稍微高一點點而已。還是踏實的去貼近產品及其消費主人吧！更別忘了也要跟進到其活生生的生活裡。畢竟，少了真切的情感、情緒，作品就少了呼吸，就像塑膠花一樣，即使耐擺耐看，但總是塑膠。

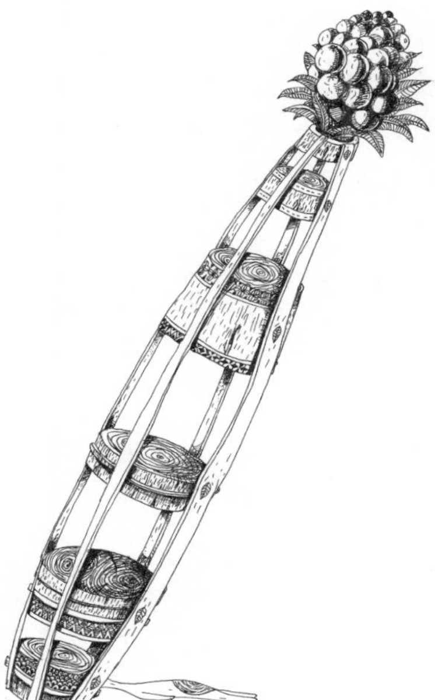

想太短的3號

雷同的翻臉帽子

插座背離插頭
是最近的事
明明很登對　很有默契
卻因太常串場節能減碳的綠色戲碼
像個仇人似的
各自選戴了一頂牛仔帽
背對背　負氣地　一步兩步三步
至少沒有回頭
拔槍　射擊

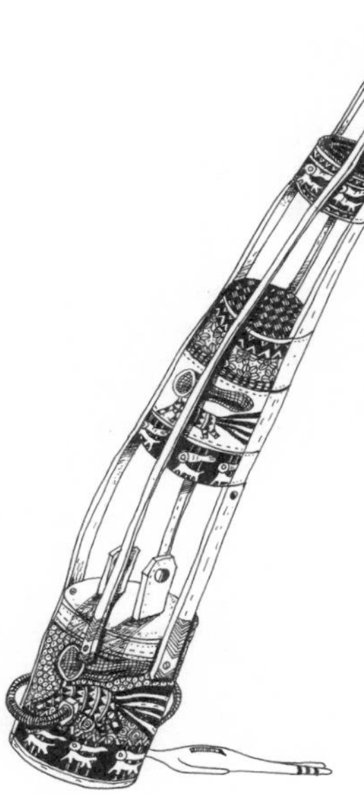

有些符號本來沒事的，但當不少人都熱衷於引用它時，標籤就紮實的黏上去了。就像插座與插頭本來是凹凸有致的一對寶，但大家都要用各種畫面處理與警語來切割兩者的關係，其實，有那麼嚴重嗎?插座與插頭偶而還是要正常結合一下嘛!若真想拆散他們，懲罰一下文明，我們攜手拆掉檯燈與電腦的線路，一起來點蠟燭、涮毛筆吧!

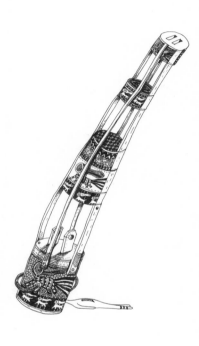

怕吵的寂寞桶子

想太短的4號

備好超大的原木桶子
看準上頭搖搖欲墜　熟透飽滿的果實
想　是不是該買個耳塞
收斂一下漂亮接殺超大點子落袋時
全力衝擊產生的巨大聲響
順也低調接收一下旁人讚嘆的激烈掌聲
結果
什麼聲音都沒有
什麼都沒有

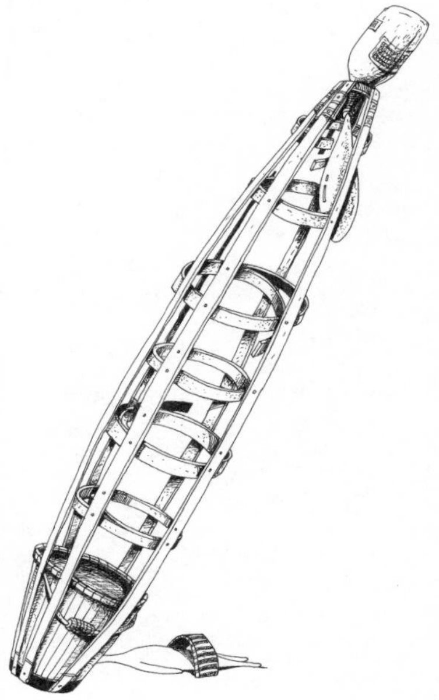

每個人都提著個桶子向上張望，無論材質與大小，總想要滿載飽滿的點子。只是，常常抱怨為何點子的落點總是有所偏差。其實，點子沒有偏心，而是，點子到訪的路徑，必須層層守護，關關加油。畢竟，沒有努力向下的紮實根鬚，怎好意思順手採收別人家的豐碩果實。

水平修辭的圖文創作私房演練二

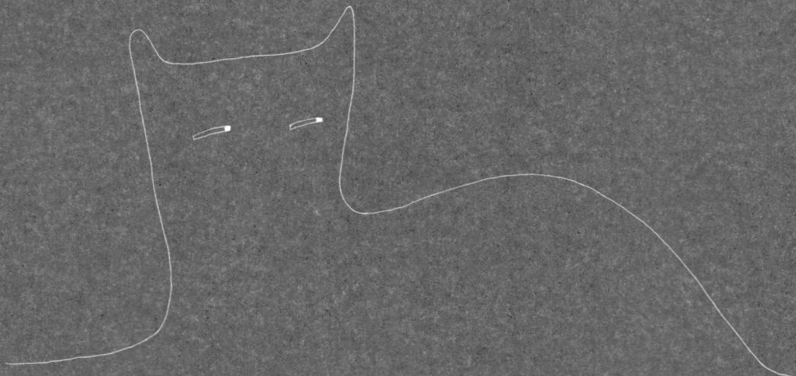

貓(ㄇㄠˇ)開(ㄎㄞ)花(ㄈㄚ)

用一格格微甜的文字餡，圈養一隻思緒過頭的貓

那是專屬於詩的芥末與季節

「貓開花」水平修辭的文圖創作私房演練二

扁平的切面聯想與開發

水平思考之父 Edward de Bono 提及，要發揮創造力，移動是非常重要的心智動作，沒有某種程度的移動技術，很難發揮創造力，但移動並不是我們平常的思考習慣，唯一的例外或許是在我們創作和欣賞時，從意象和隱喻移動到意義和感覺上（許瑞宋譯，2015，頁188）；亦即，右腦思考的「散開來」動作，其實內含著兩個細目動作，除了「切分」的動作，還需加上「移動」或「轉移」（轉化）的動作。

而近形、近親聯想算是相當標準款的水平聯想作為。《貓開花》內容重點的來由剛好可以用連續幾個階段的轉移說明如下：

首先，De Bono 用六頂帽子來強調思考別陷入單一思維的重要。他這麼形容，「就像打高爾夫球，你可以單用一支球桿打完整輪比賽，但通常你會被用整組套桿的人打敗」（Edward de Bono,1995, p65）；換言之，這「帽子」其實就是腦袋與思維轉移、轉化的標的物。於是我先跟 De Bono 一樣把充滿智慧皺摺的腦袋近形轉化成一頂有帽緣的帽子，之後又再近形摹寫成一隻側身懶躺的貓。

其次，因筆者擔任過廣告公司的文案指導以及廣告雜誌的文字主編，文字撰述算是個人發功發聲的習慣媒介與媒材。而稿紙綿延不斷的格子正好傳載著文字落定的空間與精彩。於是，攤開的稿紙成了貓咪身上的花樣。

其實，剛好，「腦開發」的發音與「貓開花」十分雷同，更讓 De Bono 的帽子意象移動、變身到稿紙纏身的貓此動作變得頗巧適合理，而這些前端理性的脈絡與鑲嵌，讓之後無論怎麼水平發揮、創意亂竄，也都仍有個基模與原型依存著，所有的插圖與撰述也都單一扣著、鑲嵌著「創意（或點子）」此主題，算是水平修辭很剛好的演練實踐。

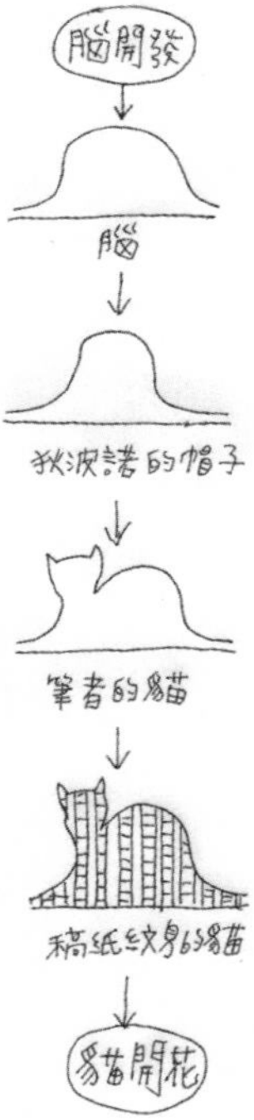

自序

貓在鋼琴上暈倒了

猛回首，淺回想，每位資歷不再新鮮的廣告人，總會有其曾有的啟發文案，我的是早期意識形態廣告公司作品裡的文案「貓在鋼琴上暈倒了」，主角、場景、動作，三位一體，全在演繹著、跳脫著，以及伸展著水平的懶腰。於是，算是慣以稿紙為業、水平發功的我，決定攤開這鋪了滿滿新鮮綠嫩格網的紙平面，用儉樸的文字和簡拙的插畫試著也來晾曬一下文圖一搭一唱的單純美好。

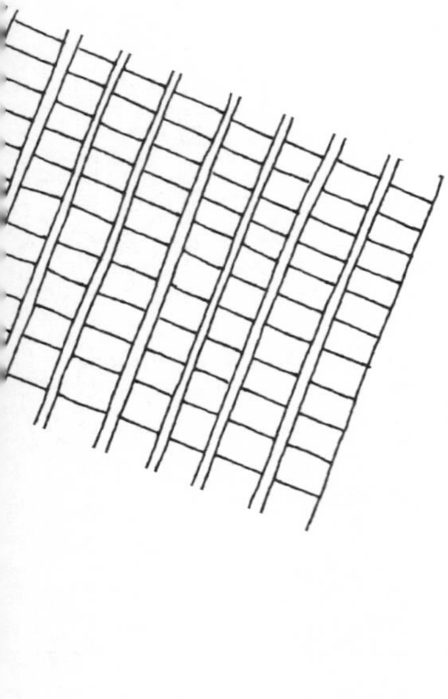

貓在稿紙上開花了

我們常以「妙筆生花」來讚美文案撰述的美好，其實，花朵的開展不在筆尖，更在書筆落定在稿紙之後；換言之，開花的、飄香的，更在稿紙身上。當我們更追究為何能在稿紙上碰撞、蹦生出這樣的文案時，右腦思考或所謂的水平式思考是最後的答案推手。就像貓不合邏輯的出現在鋼琴上，而且還暈倒了；我放養的貓也不合常理的出現稿紙上，而且開展了一朵朵的紅花。這等於在象徵著、回顧著我最常帶組員、帶同學演練水平思考的那些清新日子與美好段子。

章一　花、魚鱗和其細字筆

既然字海無涯
回頭又不見岸
就把腦袋打平
思緒也放寬吧
一朵接一朵地
把美好的蚊字
打發在稿紙上

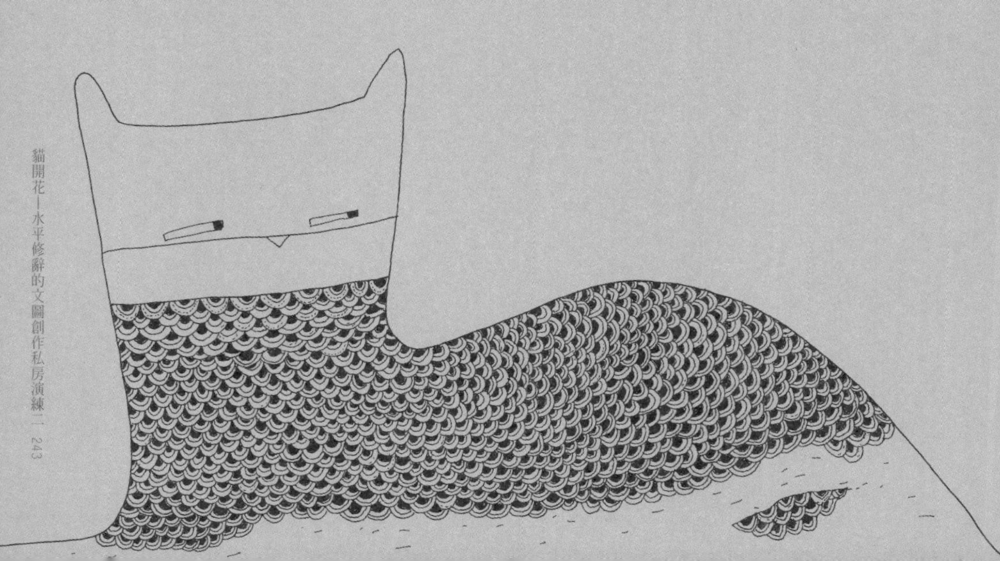

打賞的概念扇

一刀兩刀三刀
至少三人份
無論從肚腩或背脊
小心翼翼的劃割開來
大塊小塊不管
為您端上桌的都是誠意滿滿的
活跳餡料

廣告創意文圖執行的開端，叫做切概念，眾人努力擠腦、湊力，就是要想辦法切割出、切磋出最有機會新穎跳脫出來的創意路徑。是的，條條大路通羅馬，但我們習慣走羊腸小道、習慣拐彎抹角，甚至刻意繞道遠行，為的就是路徑終點有個打賞等級的景觀。記住了！概念端沒過關，就別硬闖後面的其他任何步驟。

打折的南瓜餡

對不起
細緻出眾的花
一朵都沒有開展出來
倒是累贅糾結、飽滿臭酸的瓜果
我搬堆了不少大個頭過來
要不要
買一送二再給你打個折
好不好

創意就是這麼剛好、這麼固執；有時候，就是不對盤，而且相當明顯。這時候，創意的買單，是勉強不得的。就打掉，重新來吧！畢竟，打折，苟且，只會讓整盤的沒人理睬，更顯尷尬與胃酸。

凍傷的番茄臉

用文字偏愛的框線
編織一件
高領的溫暖行頭
但是就算整個人的臉
都紅通通的了
點子還是一個樣在補冬眠
好冷
好冷

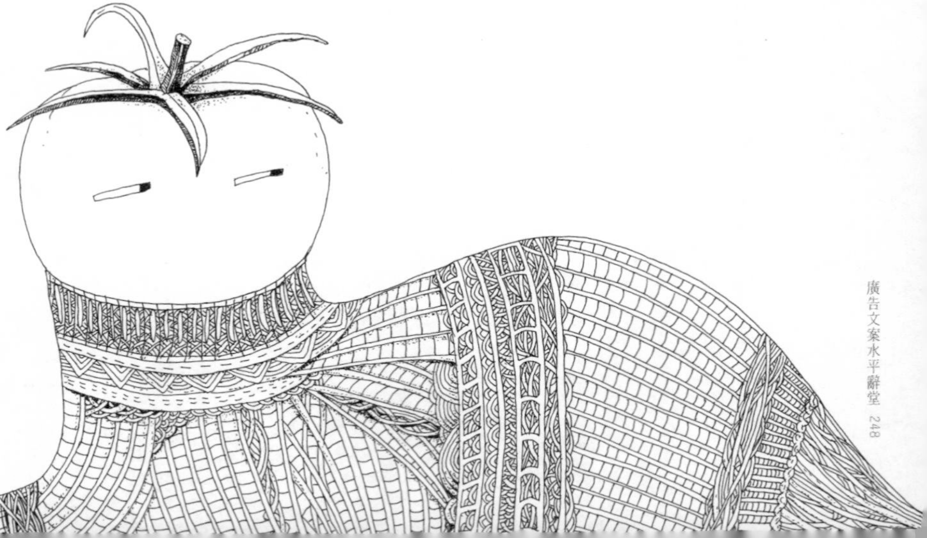

創意就是這麼剛好、這麼無情；有時候，愈想努力衝刺擠榨出好的點子汁液出來，但就是不聽使喚，而且愈用力愈便秘。這時候，創意的擠兌，是急不得的。就跳開，整個離開吧！畢竟，換個景、變個境，創意反而會感到新鮮而主動來找你取暖。

悠游的魚鱗片

芭蕾般的鱗片
看來將佈滿全身
點子優遊自在的氣勢與氛圍有了
但總是這樣
剖開肚子沒有就是沒有
記住了
有華麗的出場，也要有
華麗的出場之後

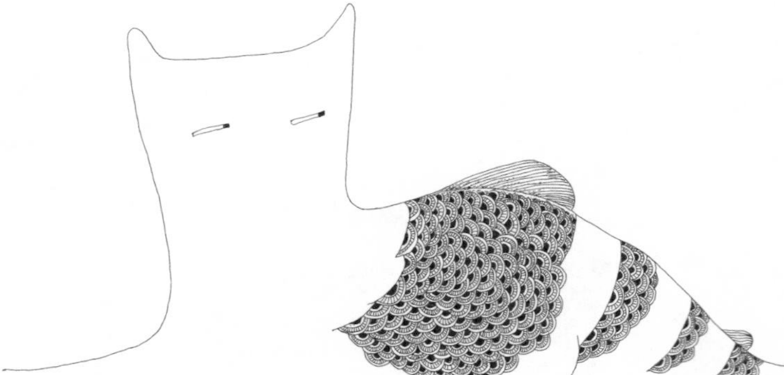

創意就是這麼剛好、這麼現實；有時候，身懷的餡料有多少就是有多少，況且，本來每個人都隨時在缺貨補貨的，所以缺貨的時候，無須支吾閃躲，就趕快補腦補料補進步；否則，一直出場，就會一直出糗。更怕的是，還要打腫臉充氣勢，屆時，尷尬的爆炸之後，場面是更剖肚難堪的。

奔跑的紅靶心

再多的盤纏纏身
文字的出場與出遊
也不能漫無目的
畢竟思路與筆尖在奔跑的同時
一路總有溜滑的彎坡
失速的坑洞以及好心護送你的
迷路先生

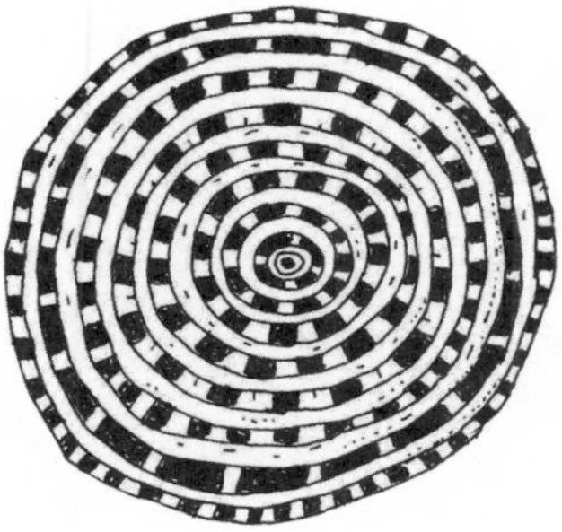

創意就是這麼剛好、這麼準確對應；有時候，太在意細節書寫的巧妙枝芽，反而會忘了問題拆解的核心與創作思維的根本。創意的奔跑，無論是文字或圖像，都需依隨著前端創意的照明而行，否則一路坑坑洞洞的，很容易就會失速失手甚至摔滑受傷。

潮濕的火柴棒

一根廢材
兩根廢材
三根廢材
這一直點不著的罪過
不要老是歸咎風大的窗口
有時候潮濕的
不是天氣
而是你自己的才氣
與脾氣

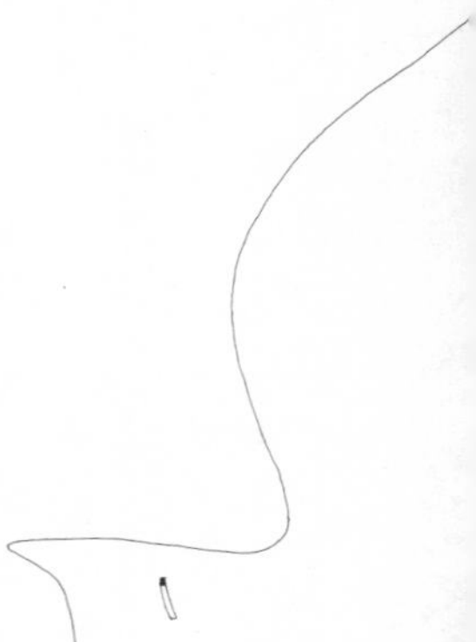

創意就是這麼剛好、這麼廢；有時候，創意被現場打槍的低落，不需老是怪罪周遭的環境，甚至賭氣酸損客戶窗口擁有超級不如人意的眼光與超級與美學背道的腦袋。其實，常是自己安逸地黏糊在醬缸底，老是使用著同一招式，當老套潮濕到滴水了，還在期盼別人的溫暖眼神？先磨熱自己的功和熱情吧！

打包的月光下

是的，我都自己來
自己打包
自己的月亮也自己背
這樣　迎著風　吟著詩
自信多了好多又好多
有把握今晚的創意
飽飽不失眠

創意就是這麼剛好、這麼好打包；有時候，甚至是不只是有時候，創意的光犧就是多遮了點暗暗淡淡，其實，最不需要的就是等待救援，去巴望比你還更烏漆麻黑遠親近鄰的烏雲救援；相反地，挺起柔軟的腰桿，自己備好背好自己的月光吧！

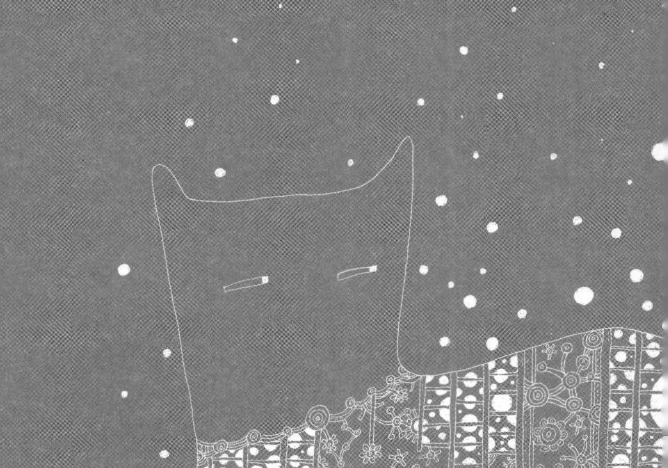

綠色的鳳凰花

交錯的綠色池子裡
一畝畝的白田
總顯得有點貧俗荒涼
拾穗些文字來吧！
用心犁一下田
在稀稀嗦嗦的書寫聲中
我們把豐收擠上天

創意就是這麼剛好、這麼飽滿；有時候，愈是空盪的場子愈可能養育出燦爛的段子。把傳統制式的稿紙攤開來吧！也把文化的底子汲取出來吧！老舊的書寫，有時候更容易撐開裂縫，讓精彩就此開花、展翅。

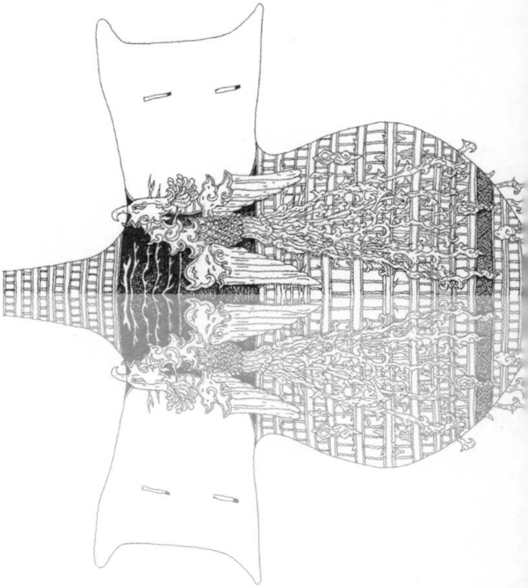

齒輪的齒輪轉

不要嫌棄
大家請靠近
肩並肩，咬牙，切齒，
再靠近一點
我們正要擠壓一個個的小型思緒
收集一粒粒的微量發現
然後用力的彼此幫忙著彼此
轉動出擁擠的光芒

創意是個團體的活。每個人都有其強點，每個點子也都有其優勢，積少成多，精彩很容易就能被連貫帶動起來。就好比齒輪的運行，收斂起自己的個別光芒，齊心努力，為更大的耀眼拼搏吧！

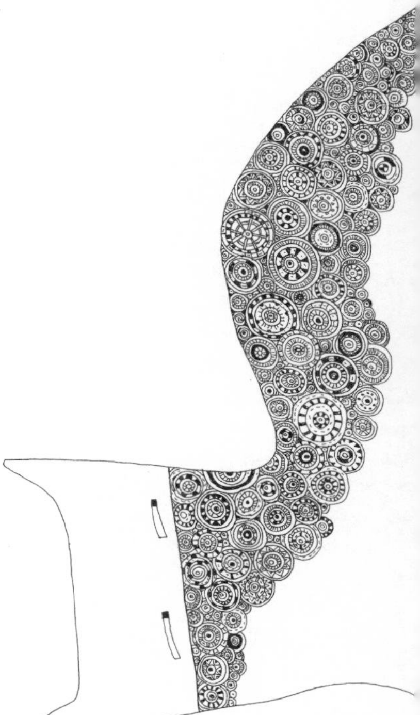

打雜的低矮牆

是的
最近都在忙著打雜
鬆土、除草、播種、接枝
在烈日下黝黑了汗珠和角質層
所有所有所有的努力
都是為了讓你遠遠就能見識到
那扇圍牆
突然冒出頭的美好

創意要能收成美好的果實，必須付出代價，必得先用大量的汗水去灌溉才行。想要有美好作物從矮牆冒出來，得先從矮牆下的種子與土壤的各種關照雜事開始。所以別管負責的、承擔的、實踐的是什麼雜項碎事，只要努力用心，矮牆也會有春天。

章二一　花兒杵在哪呀開那花

花跟著花的花腳步
在港口在巷口在自家門口
的水平窗口
一口接一口地
開花了

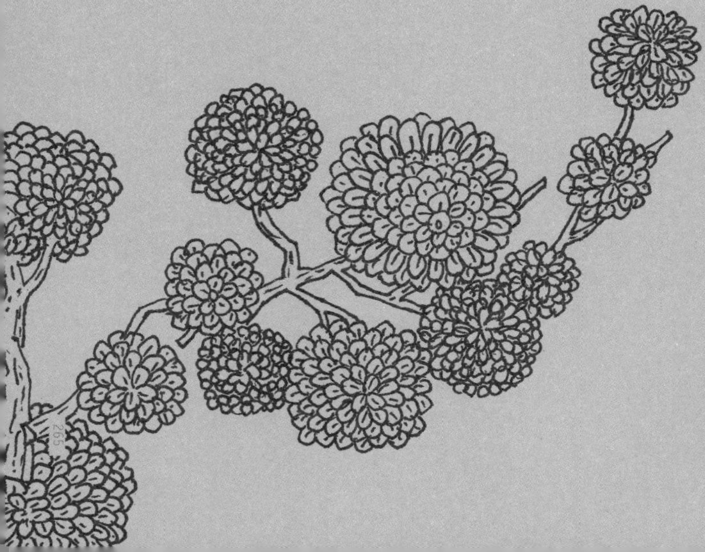

花開在我港口

花該開在
最遠的港口
因為開屏再大的水花
也不用忙著邊向岸邊告別
又邊打傘

點子總是這樣，有些調皮。有時太追太黏太在意，反而會落得落寞收場、空手而回。所以，先別搶潮、也別裝忙、更別爭風。有時候，目標放鬆一點、心情放寬一點、腦袋放遠一點，反而一開傘，雨就來。

花開在我傷口

花該開在
最痛的傷口
因為我這爭寵搶豔的傷疤已經
一朵接一朵　又一朵
在迎接著妳的
一刀接一刀　再一刀

人們總說，沒有深刻的感受、沒有親身的體驗，就只能孵出平淡的感受與平庸的點子。所以深刻的去感受、去實踐、去衝撞一把又一把的生命吧！原來，「傷疤」，或者，所謂的「深刻」，才是創意最有機的料啊！

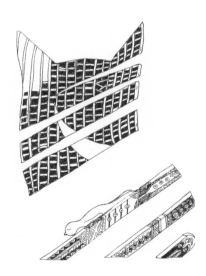

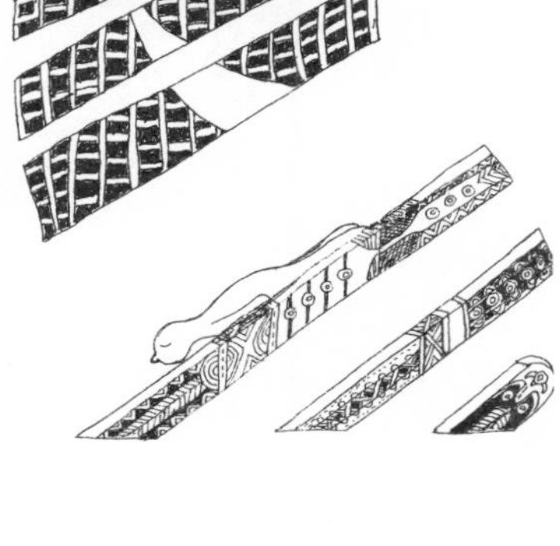

花開在我關口

花該開在
最醒目的尾巴
因為捲曲的弧度
最能招攬層層疊疊來自東南西北中
最關鍵又最流離的
欣羨眼光

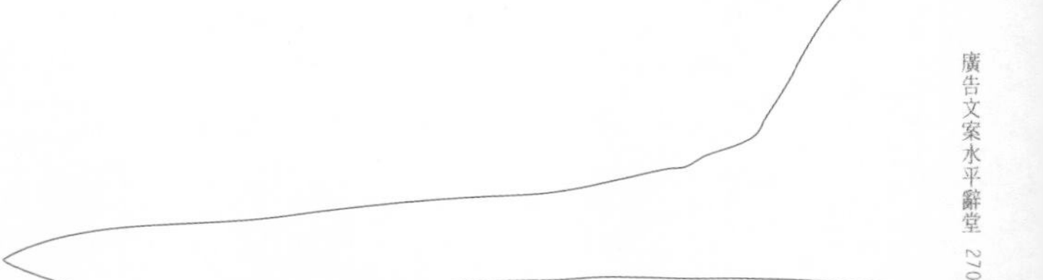

一時之間，想不到、出場不了夠好夠跳的點子，這是情有可原；然而，最擔心的是，堂皇的藉口就好比螳螂的擋車誇口，自滿自擂再多曾有的明媚風光戰績，在關鍵時刻的關鍵菜色端不出來就是端不出來，就好比漂亮的只剩一條不存在的華麗尾巴而已。

花開在我風口

花該開在
高挑鷹架搖曳的最尾巴
當她終於拋出晴藍的媚眼時
就算漏接也能迎面美好感受
那粉香的
赤熱熱的風

沒有站在浪頭上，就感受不到浪潮撲來的威力；同樣地，沒有站在山頭上，就無法領略風兒正面迎來的高高態勢與洶洶樣貌。若要論及點子的腳程，就好比征向山路，要爬夠高的辛苦坡，方能滋養看得更遠更迎風的眼界。

花開在我缺口

花該開在
月亮底盤最彎的缺口
星星愈疏離告退
刺眼耀目的痛快啊
就愈張揚

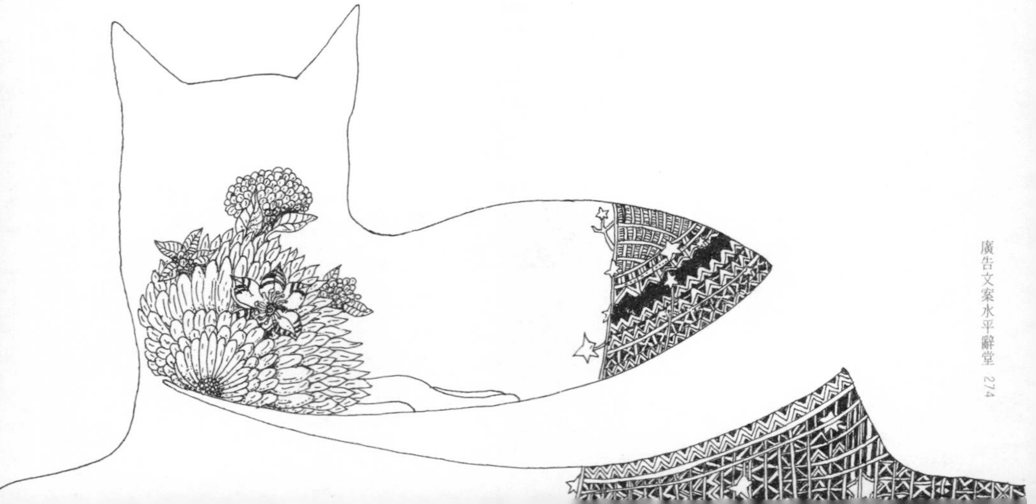

創意界不只需要年輕萌起的細碎星星，也要有帶隊的大塊月光。就好比，星星愈疏離，月光就愈顯光亮。創意產出的修為夠高、能量夠強，就會像月亮與星星的天空相望場景，星星再多，擠湊的光芒還是大盤輸給月亮獨奏的光。

花開在我巷口

花該開在
最暗的巷口
因為愈是烏黑膽怯
花的偷偷開裂
就愈香濃

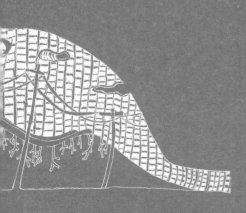

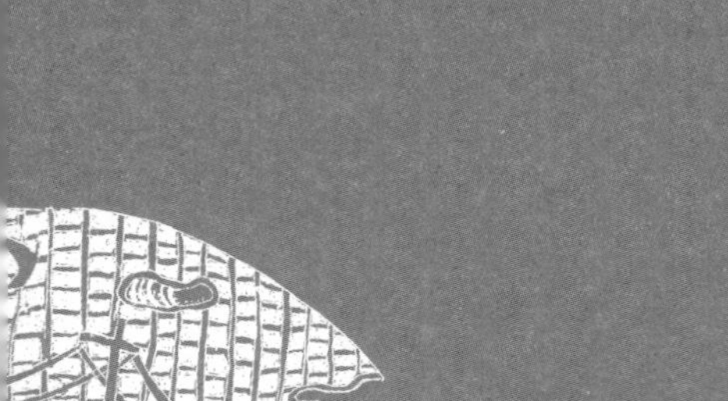

創意發揮的舞台或管道未必一定要最主流最光耀，有時候，大家忽略的冷門場子或預算單薄的執行，反而能映襯出創意美好的紮實與芬芳。就像筆直的大道就只是垂直寬蕩的大馬路而已，反而側身彎進陌生的小小巷弄裡，昏暗文青的街燈反而正在那裡為你打光新穎的美好。

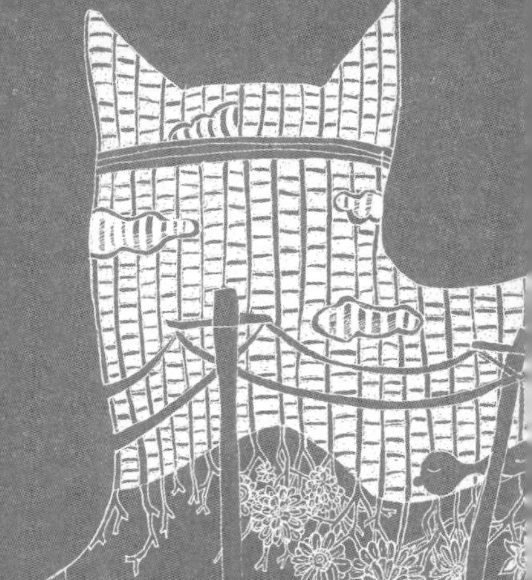

花開在我窗口

花該開在
最向陽的自信窗口
因為熱熱的
就不會有姍姍來遲甚至不來的
各種發霉藉口

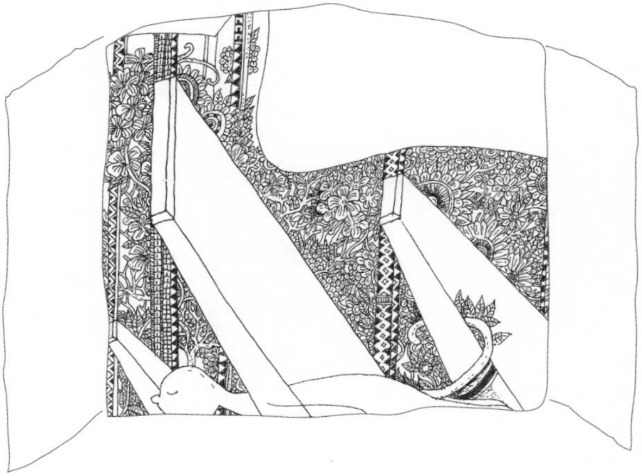

美好的點子不來，是自己平時不鍛功、不守候、不栽植。這時候卻怪天氣不夠晴朗、氣氛不夠潮濕或是對方不解風情，這些風濕的藉口再委屈再多故事都是沒有意義的；換言之，「用功」，才是幫點子保溫加熱的暖暖包啊！

花開在我門口

花該開在
最優雅的尾巴上
只是等開花已經好一陣子了
直到今天耳朵開始癢癢
然後啪啪啪的拍擊著奔飛出去
我真的聽到了點子禮貌敲門
拜訪我的聲音

腦袋沒有料，只是在尾巴塗抹鮮豔的色料是沒有意義的。無論自己現在心有多癢、耳朵有多急，都沒用的。畢竟，該有知能資產的汲取若不用力，這所謂的「精采」是不會無緣無故，主動又殷勤地來敲門拜訪。

花開在我啞口

花該開在
冷僻的啞口
這樣就能大方推謝眾人的白色期許和碎色嘮叨
守候靜悠的土壤與坐墊
我要 慢慢的 悄悄的 專心的
開自己的花

點子的發想，有時候還真需要讓自己靜一下、淨一下。太多紛雜的聲音或慾念都會干擾著點子的開展。既然知道點子的姻緣大事是急不得的、催不成的，就再相信他一次，讓創作者靜靜地慢慢地孵吧！

花開在我箱口

花該開在
慢吞結巴的烏黑大箱子裡
睡個飽飽
然後一醒來一出手
就是整束的精采

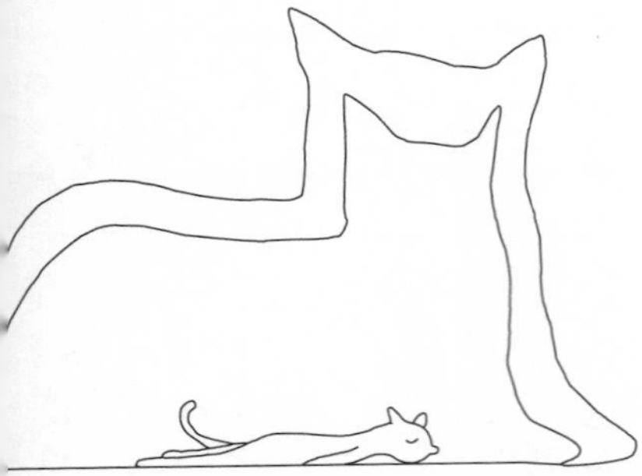

創意瞬間的美好開展，其實需要很長時間又很飽滿的醞釀。就好比是矇蓋著烏漆黑布的大型摸彩箱，外面就是黑黑的很沒什麼，但其實在裡頭靜靜躺著慢慢發酵的點子，每一顆彩球的出場，都引動驚訝；換言之，彩球是自己丟進去的，自己要放什麼彩球進去是重點，而不是後來的制式抓手。

章三　失算格子和其文字浴

花跟著花的花腳步
在港口在巷口
在自家門口的水平窗口
一口接一口地
開花了

糾纏的石篷花

對不起
養了一缸固執的魚和其固執水藻
唉呀，開了幾朵似乎頗沒出息的石頭花
硬朗的道歉
隨時都很願意
砸向你

不是每回點子的出場，都又及時又風光；畢竟，腦袋總會有結巴的一天。其實，結巴了，就結巴的講，千萬不要太固執，假設一朵花都開不出來了，就誠實的抱歉這回的打結，硬撐、亂掰只會把尷尬更砸向自己。

烤焦的舊稿紙

對不起
太燙了，真的太燙了
每隻手都不敢造次
識趣的趕快彈回
畢竟不夠深刻
就別在稿紙上滴滴咕咕
囉囉嗦嗦

沒錯，要有效率的把文字寫出來、打出來其實並沒太大難處，只不過淺薄的思緒和匱乏的積蓄擠湊不出什麼深刻觀點或噴香賣點。「還沒熟，就別掀蓋！」就讓文字多悶等一下它的深度吧！

纏身的斑馬貓

對不起
燈亮了你正要起步
我卻贈你一堆迷茫藤蔓
往身上纏繞起來
看來身軀是完完全全動彈不得了
只剩腦袋認份的
過著斑馬線

常說好的點子不能老走直路，要多繞遠路、走岔路。但有時候就是身手不夠俐落、思緒不夠犀利，然後就纏繞住了自己創意發想的路徑，這時候，很容易洩氣，進而歎起妥協的氣。收起冒險的步伐，乖乖的又走回筆直安全的斑馬線。

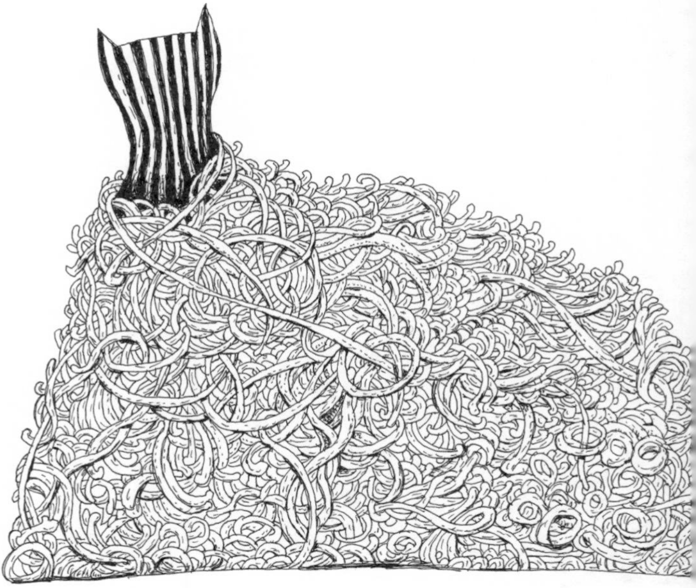

旋轉的長梯子

對不起
繞著轉著出不去的
除了樂園木馬和其投幣配樂
還有我腦袋裡
枝枝節節、拼拼湊湊和嘎嘎作響的
書寫梯子
唉呀，轉個彎，
又出軌了！

說點子、談書寫、論劇情，都盡量不要太守正規、太走常軌。是啊！說來容易，刻意要在急彎處展現漂亮的過彎、俐落的下腰，這得有兩把水平刷子才行。否則，繞著繞著，輕輕鬆鬆、順理成章就相邀出軌出事去了！

沈默的划槳手

對不起
就是不喜歡露臉，上排牙也是
只想默默的
用一顆顆的文字
和其紮實胸肌
在湍急的稿紙上
繼續向前划

既然這回點子的能量是靠文字來綻放，這時候就像不插電的清唱，修飾的影音乾冰或壯膽的圖像紅毯都不需要，這時候，清清楚楚的在稿紙上滑行的就只是讓文字默默地，一字一字、一句一句，紮紮實實的爬著格子。

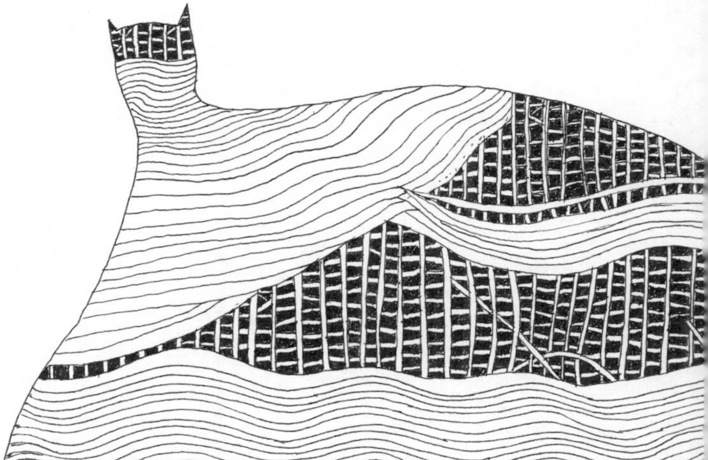

章外　附贈的貓、花和鱗片

怯怯的，附贈的，雜雜的

上不了檯面的，水平香酥碎片

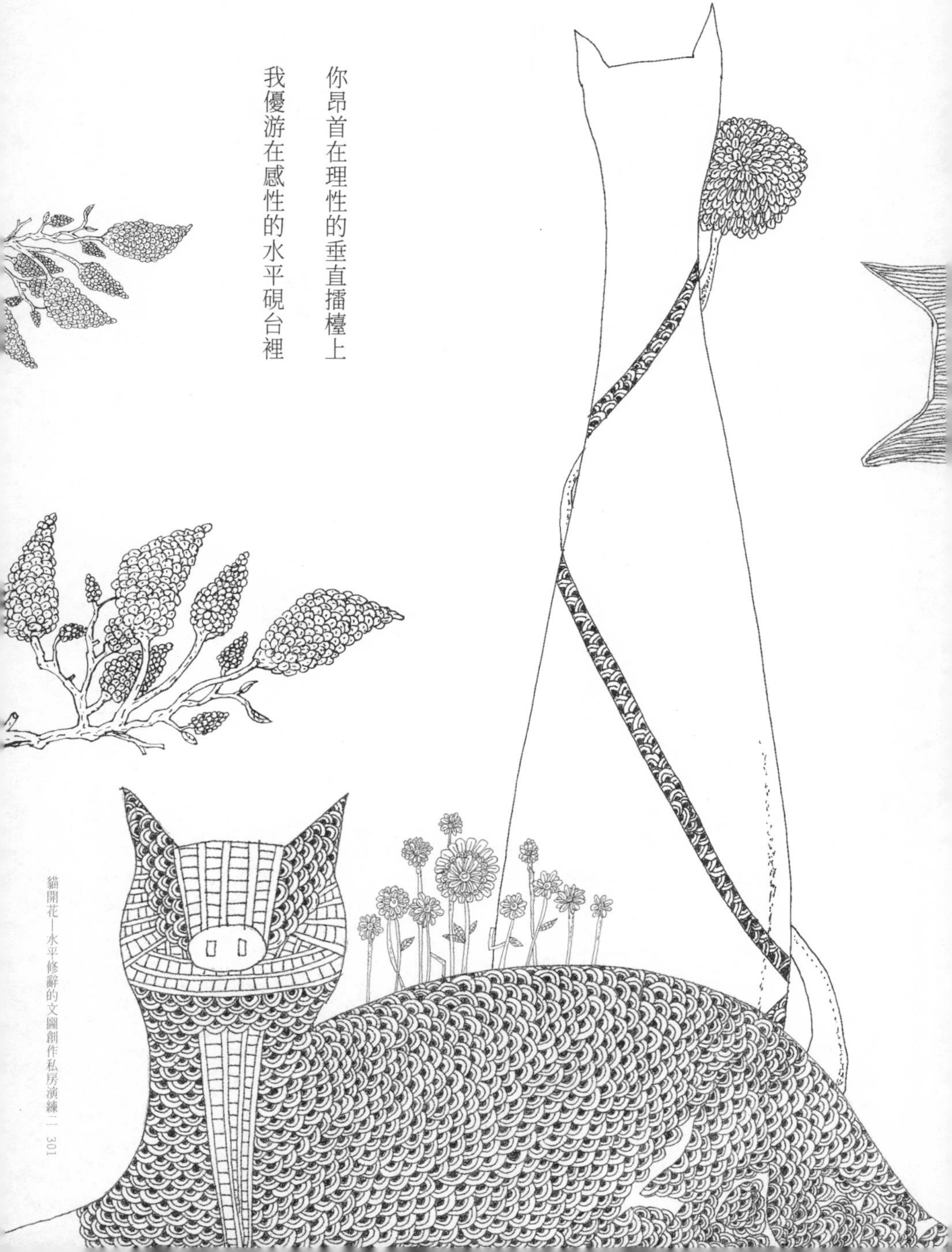

你昂首在理性的垂直播檯上

我優游在感性的水平硯台裡

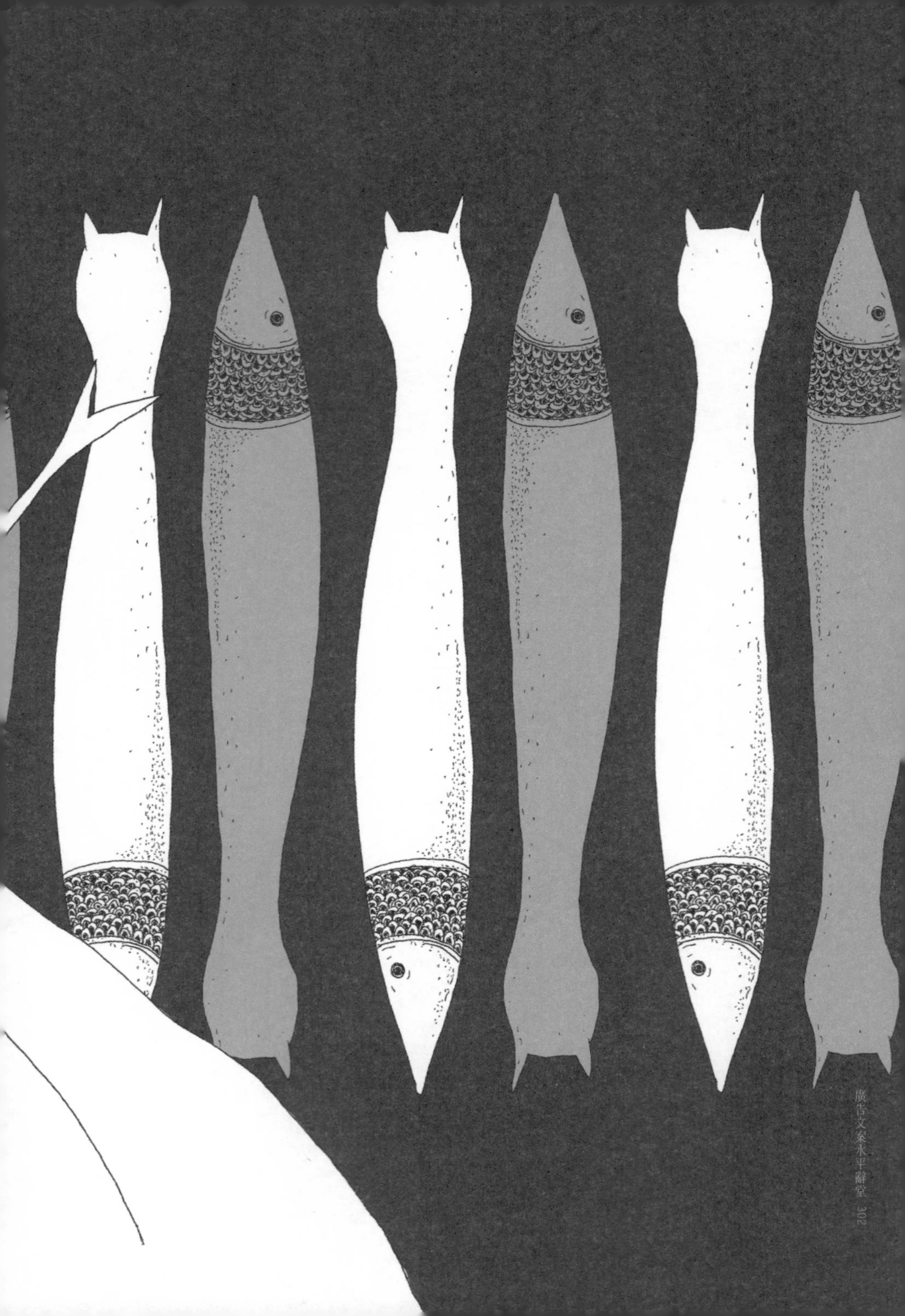

剪裁合身的老大，用寬鬆的語氣說
貓的下半身是魚，魚的下半生是貓

你的雷達鼻子，到底插電了沒
你的爆竹尾巴，又擦出火花沒

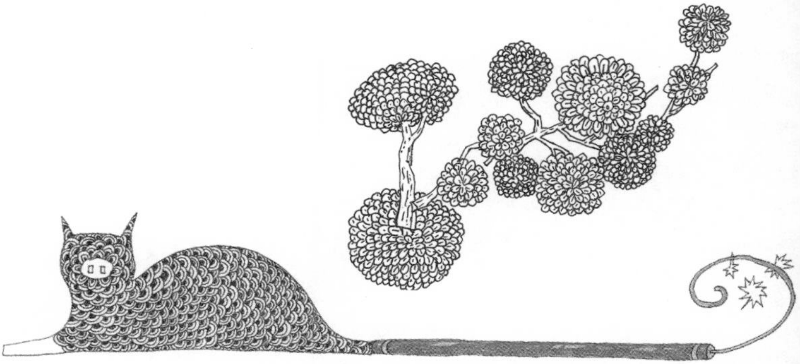

想採收文字的精采，
先吸收開花的青菜。

（註：別忘了腸腦會控制大腦！）

我沒有說垂直不好
就算完全筆直硬朗也能開花
只是開的就是
直直的花

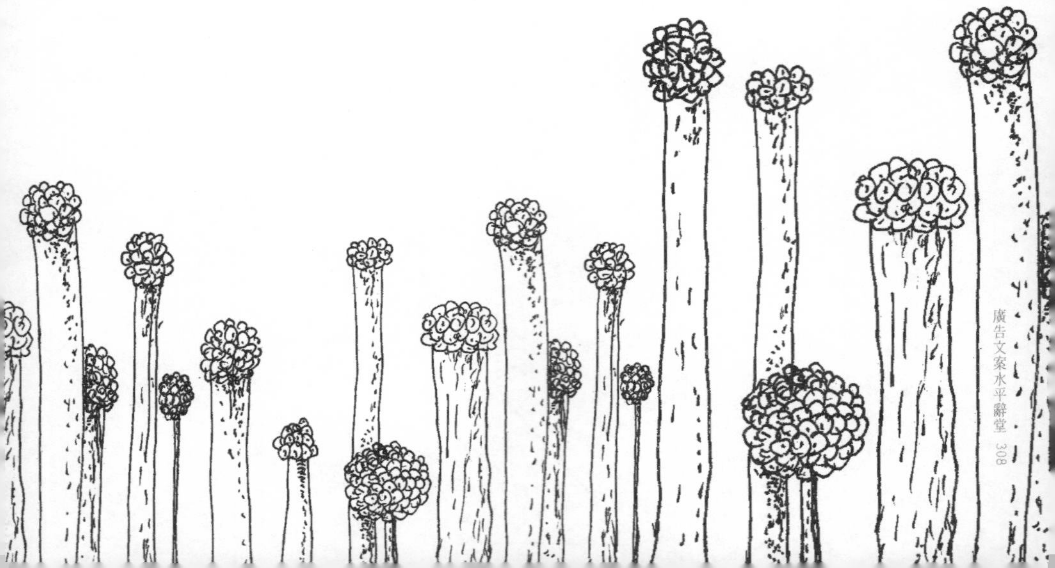

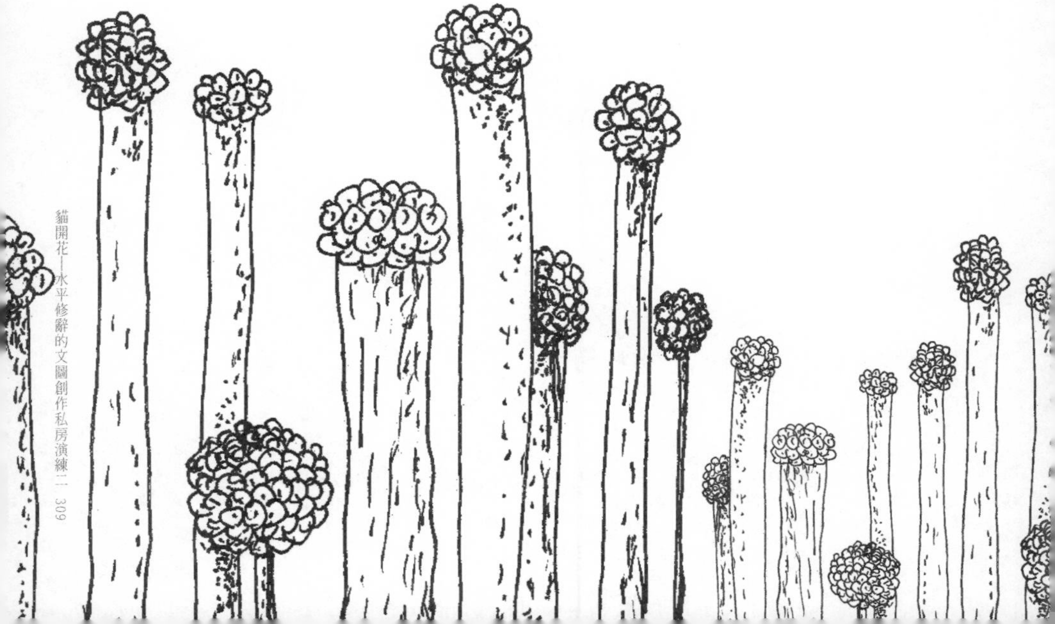

貓在欣賞著魚在花裡游的美好的六個罐頭。

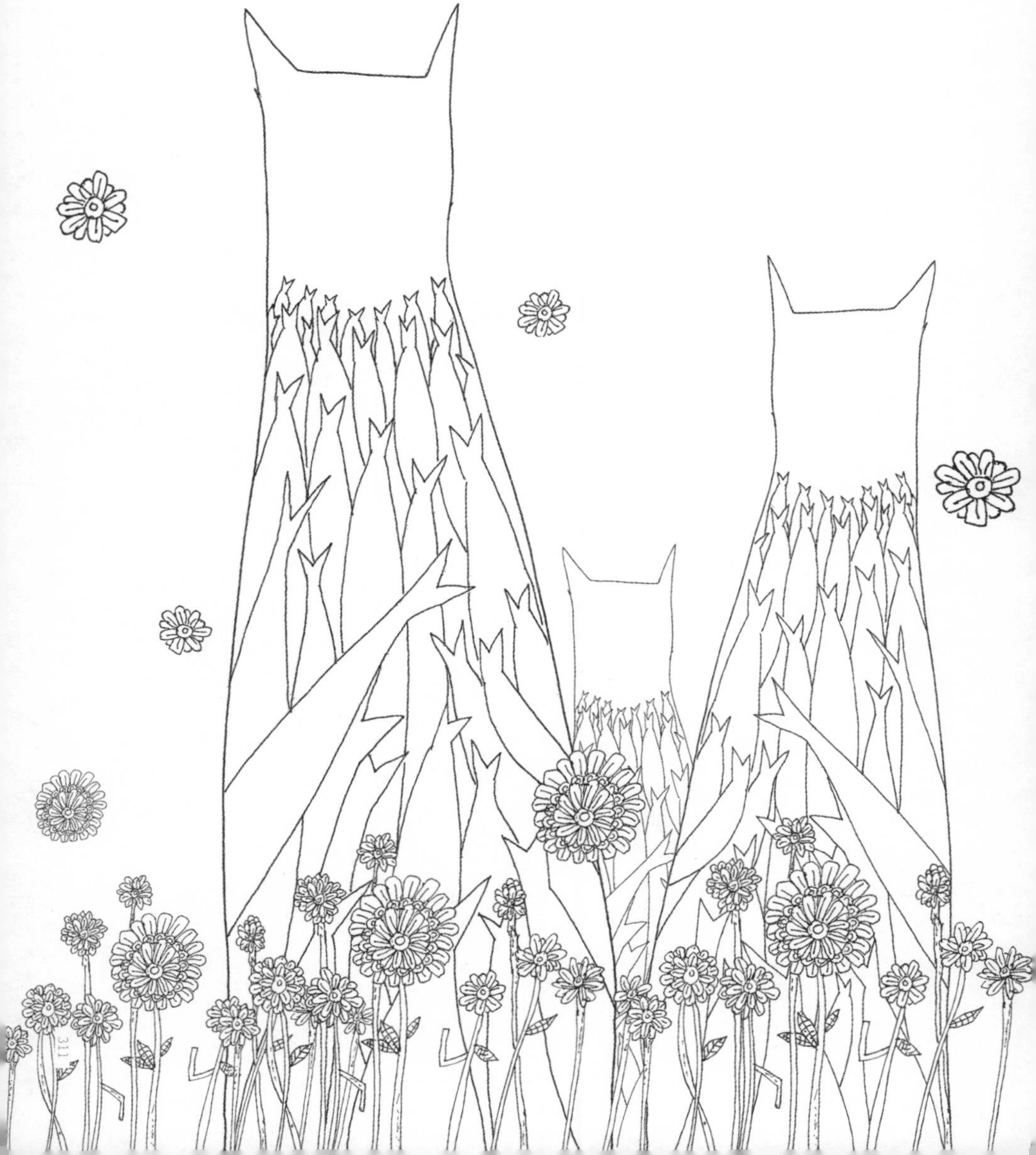

六隻貓咪有著六個顏色的六頂帽子
的六款影子

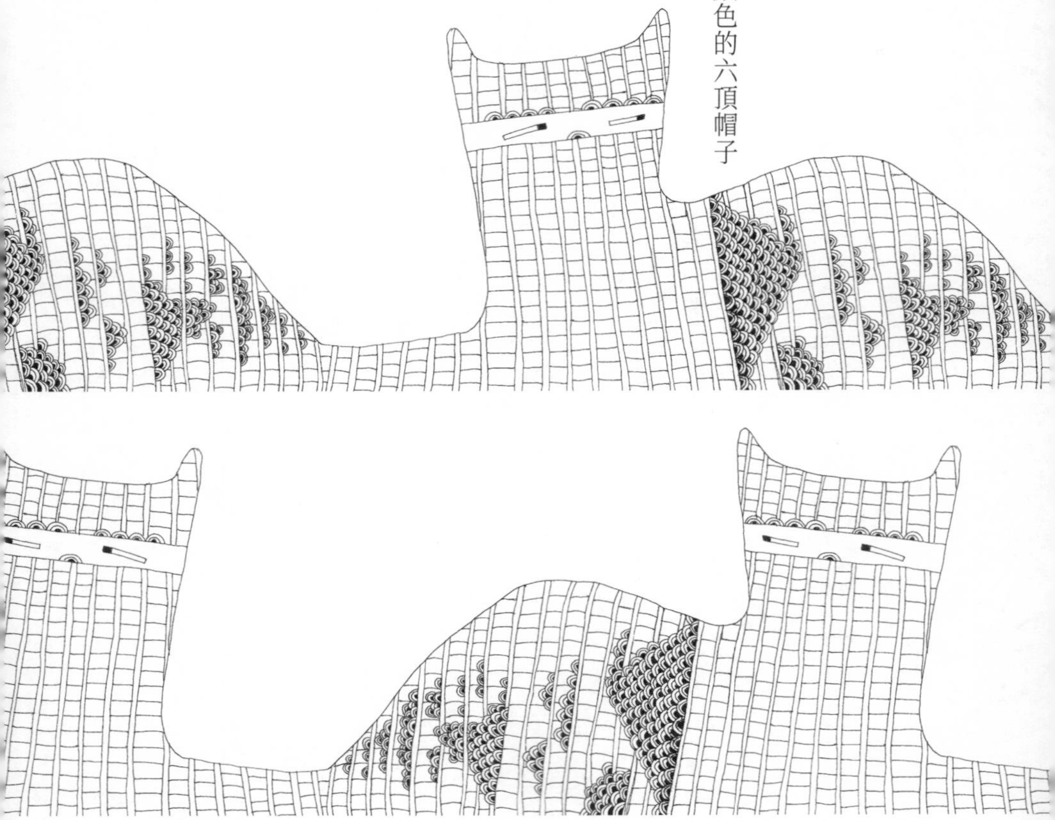

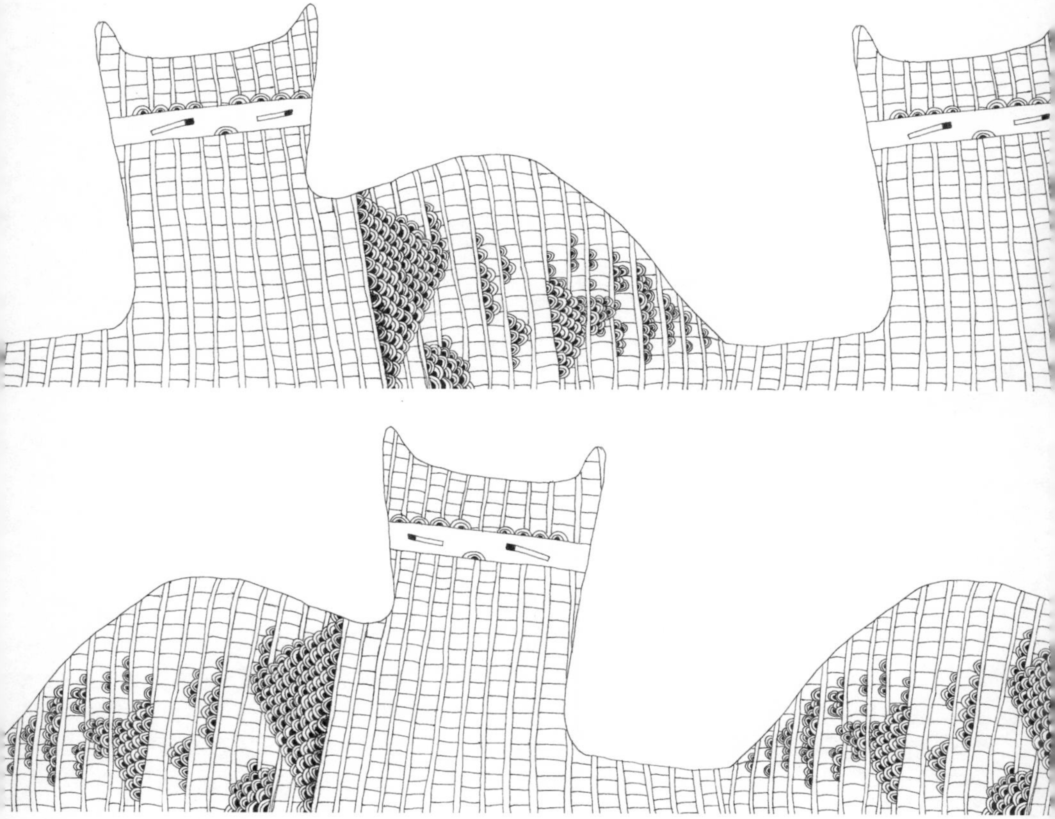

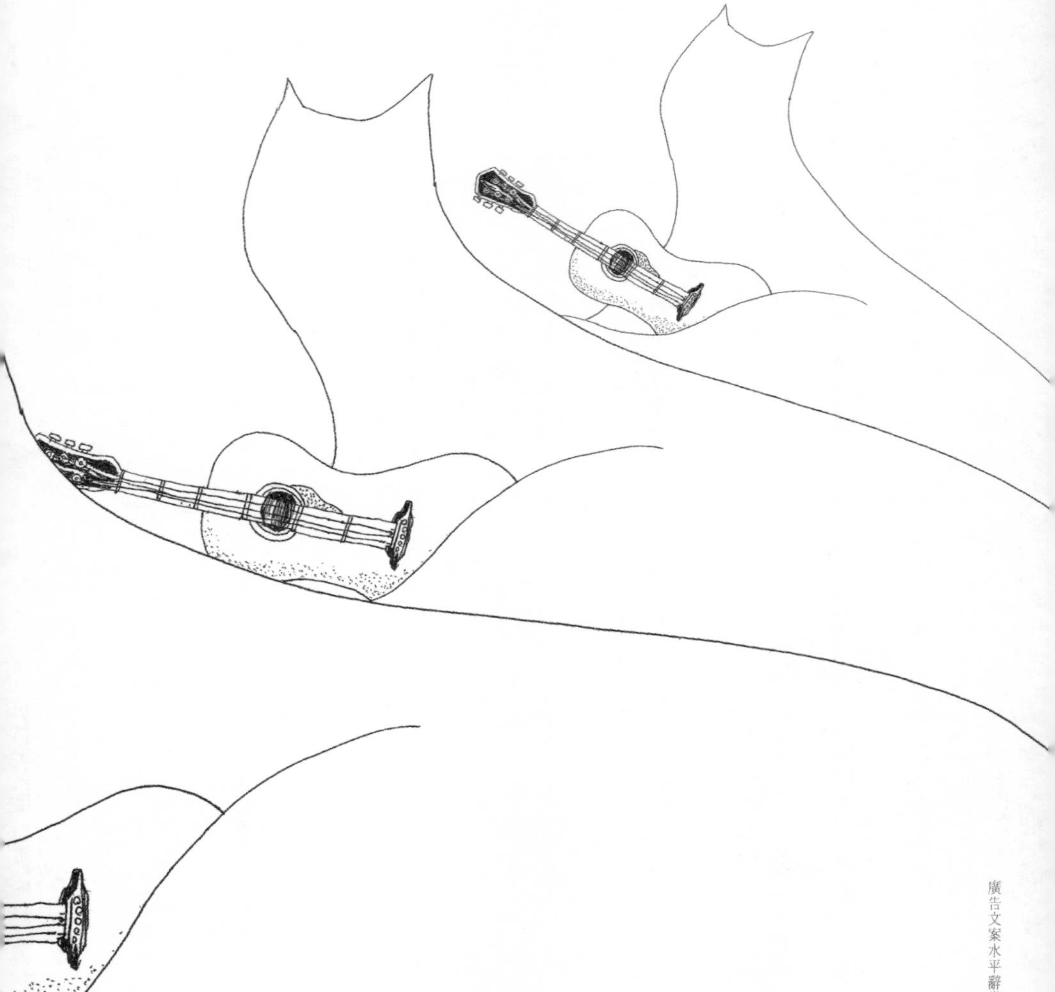

要有蜜，你必須先有花
要有花，你得有把吉他
往水平方向用力彈！

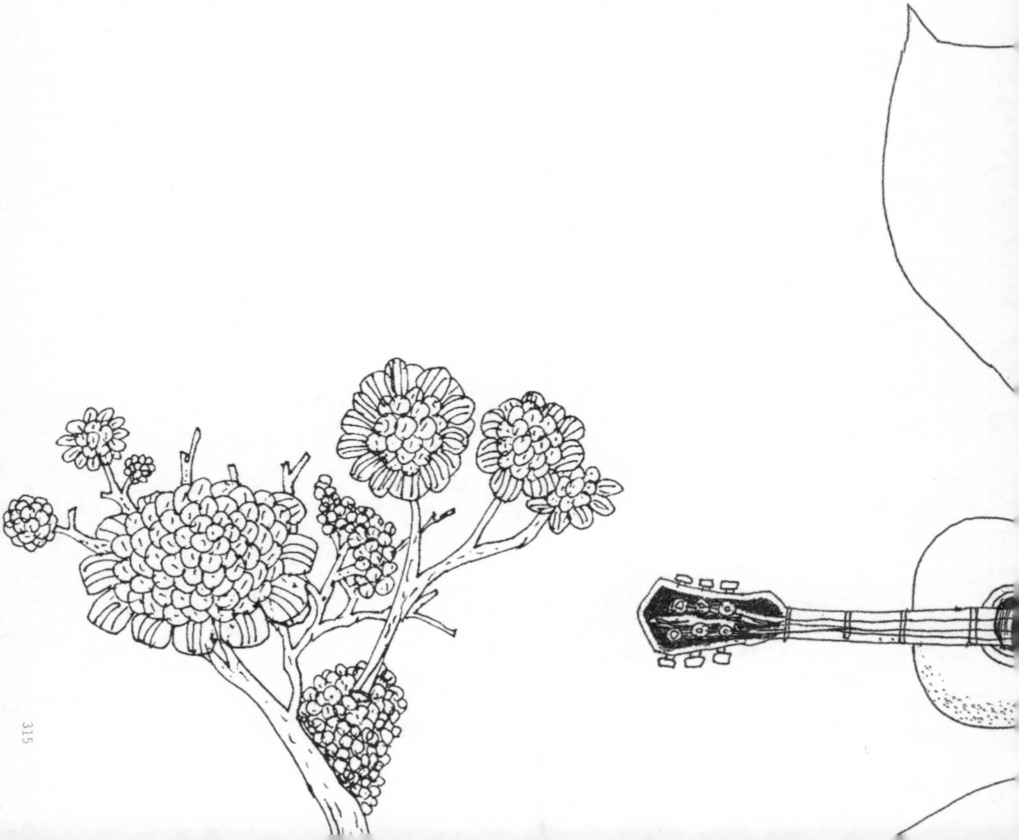

水平修辭的建案命名分析與創作

房開柿

ㄈㄤˊ ㄎㄞ ㄕˋ

柿子開花了，為房子開發的名字也結果了

前言

一房開柿一直式緒論

在此章節，筆者試著以水平修辭的原理原則，運用在筆者多年來對台灣房產建案命名的研究分析，無論分析重點在雙關辭格、仿擬等辭格的運用，甚或符號系譜與毗鄰的擇定與排組表現，都會夾雜著鑲嵌辭格而來，甚至可直接將整個命名作業分為兩個階段，前階段是「理性貼近品牌」階段（水平修辭座標軸的垂直理性軸），後階段才是「感性跳離轉化」階段（水平修辭座標軸的水平感性軸），理由是房產建案此高價格、高涉入的產品類別，大多夾帶著複合利益與訴求而來，而剛好修辭應用的特質也常是兼格著、複合著而來。

接下來，並不用一般的敘述方式來引介，而是直接透過問題，從比較近似命名的異同之際，來帶領大家感受、探究一下台灣房產建案命名的一些撰述習慣與類型：

章外、建案命名的同與異

命名概念方向

微笑海悅
金鶯花園
陶墅館

三個建案命名有何異同之處？

相同處

首先，三個建案都是新北市鶯歌區的新建案。而且，語法上都是主從式結構，例如「金鶯花園」是「金鶯」當從詞去修飾後頭的主體詞「花園」。其次，三個建案命名都鑲嵌了品牌資產進來。

相異處

品牌資產的內容及類型甚多，而剛好這三個建案命名鑲嵌的資產重點都不同，首先，「微笑海悅」主要是鑲嵌建商名稱「海悅建設」進來，至於「金鶯花園」則是鑲嵌地理優勢（地理行政區）「鶯歌」進來，而「陶墅館」則是鑲嵌鶯歌在地聞名的「陶瓷工藝」此特色資產進來。

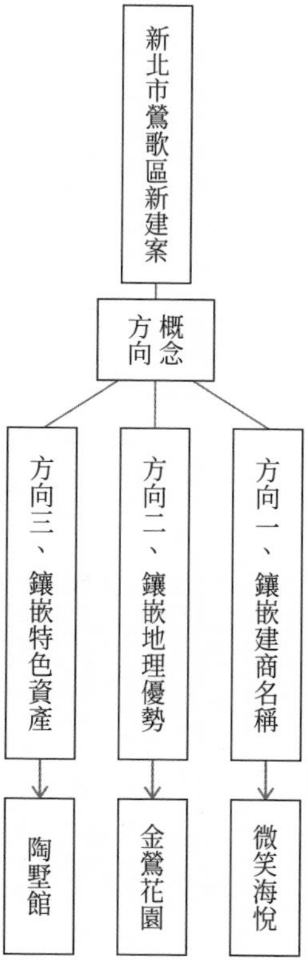

補充註

命名的詞素可上山可下海、可尊貴可謙讓，在自由無邊際的發揮舞台，反而容易迷失方向、忘懷重點。這也是為何命名動作就像其他的文案撰述一樣，都需先擬策略、先切概念，之後才輪到實際的撰文書寫。而這也是為何同樣是新北市鶯歌區的新建案，命名長相卻有那麼大的區別，畢竟，各家建案尋覓的、努力的就是找到最適切符合自己建案的創意概念與訊息重點。而命名撰述的原則就好比這三個命名一樣，在水平思維開展之際，理性鑲嵌自己的優勢重點（例如建商聲譽和地段優勢等）進來，跟水平感性的創思表現一樣重要。

建商名稱鑲嵌

國泰田
忠泰繪
元臺謙

三個建案命名有何異同之處？

相同處

三個建案都是鑲嵌了建商名稱進來（國泰建設、忠泰建設、元臺建設）。而且從語法角度來看，不僅都是二一結構（兩個字＋一個字），且都是主從式語法結構，也都是由前頭的建商名稱當從詞，修飾後頭的主體詞。例如「國泰田」是從詞「國泰」修飾主體詞「田」，「忠泰繪」也是從詞「忠泰」修飾主體詞「繪」。

相異處

僅管三個建案名稱都是以建商名稱來當從詞去修飾後面的主體詞，但是這二一結構後面的那個字卻有不同之處，大致而言，「國泰田」的「田」是名詞，「忠泰繪」的「繪」是動詞，「元臺謙」的「謙」則是形容詞。

前頭提及「大致而言」的理由是，單獨一個詞素有諸多詞性分身，可能是名詞也是動詞或形容詞，例如「自謙」這裡的「謙」就是動詞，但大部分而言，無論是「謙讓」、「謙詞」、「謙退」等，謙主要都是擔綱形容詞。也儘管就像「浮世繪」的「繪」是名詞，但此名詞也是從動詞轉品而來，原本的敘述結構應為「繪浮世」，是動詞＋名詞，以語法而言，原有敘述是動賓式語法結構；但經過轉品辭格成為「浮世繪」之後，是名詞＋名詞，歸類為主從式語法結構。同樣地，儘管「忠泰繪」也是名詞＋名詞，但此「繪」字卻飽含著轉品之前的動詞儀態與能量。

補充註

其實，在所有鑲嵌建商名稱進來的命名語料裡，最多的詞素結構應是二二結構，且特別是建商名稱二個字再加另外兩個詞素。舉遠雄建設在台北市內湖區的五個建案為例，「遠雄常御」、「遠雄峰邑」、「遠雄賦邑」、「遠雄新都」都是二二結構，且都是遠雄在前頭充當從詞修飾後面的主體詞，只有「遠雄晴空樹」是「遠雄」（兩個字）＋「晴空樹」（三個字），為二三結構。

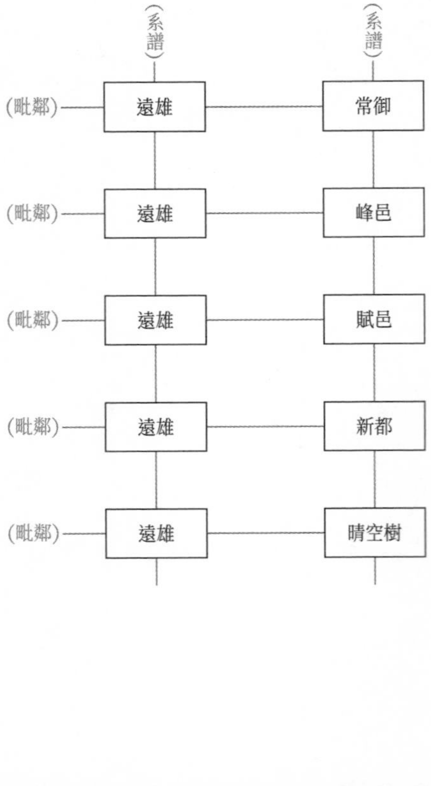

地理優勢詞素

大安鼎好
大安秘密
大安富筑

三個建案命名有何異同之處？

相同處

三個建案都是座落在台北市的大安區，因在所謂的蛋黃中的蛋黃區，因而三個建案都將其地理行政區詞素「大安」鑲嵌在命名裡。此外，三個建案同樣都是以「大安」此地理優勢詞素當從詞來修飾後面的主體詞。

相異處

建案「大安鼎好」和「大安富筑」都是有借力於雙關辭格，前者是字詞雙關「頂好」、後者則是字詞雙關「富足」，但「大安秘密」就並無訴諸雙關修辭。儘管三個建案命名都歸類為主從式語法，但「大安富筑」的「筑」實乃形狀似琴的古代弦樂器，是名詞；換言之，「大安富筑」的語法也可拆解為「大安」（N）＋「富」（V）＋「筑」（N），而成為句型語法結構。只不過，解讀時，因雙關「富足」，且「富筑」也可解讀成富貴的樂器，因而較容易視為二二結構：大安＋富筑，而歸類為主從式。

異國地理符號

北歐晴
法國紅
米蘭賞

三個建案命名有何異同之處？

相同處

從符號學的系譜軸角度來看，三個建案命名的符號系譜擇定都是地理優勢符號，且都是異國地理優勢的強調。另以語法角度來看，三個命名不僅都是二一結構，且都是地理詞素當從詞來修綴後面單一詞素的主從語法結構。

相異處

儘管三個建案命名因都是訴諸地理優勢訴求，且都鑲嵌了國外的地理相關詞素進來，只不過三個建案引用的地理優勢相關詞素，其面積層級的大小以及行政區位階的高低相差甚遠，例如「北歐晴」的從詞是一個洲陸、「法國紅」的從詞是一個國家，而「米蘭賞」的從詞則是一個城市。

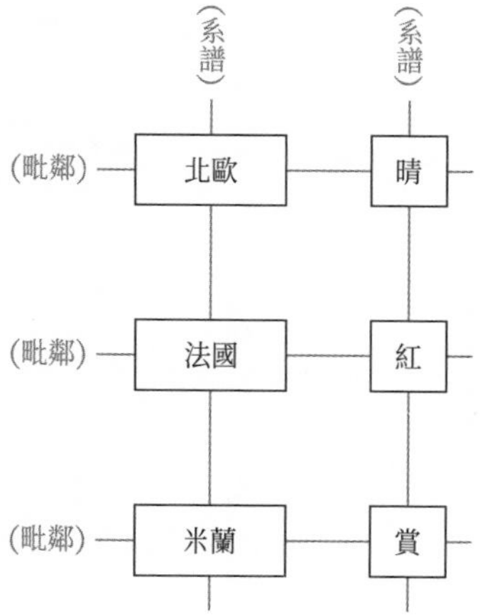

異國地理符號

巴黎羅丹
紐約紐約
紐澤西

三個建案命名有何異同之處？

相同處

三個建案都是座落在新北市三重區的重陽重劃區，而且都是以異國城市的名稱來當命名的語料。

相異處

從符號學的系譜軸角度來看，「巴黎羅丹」不同於另外兩個命名，因其多拉攏了角色符號「羅丹」進來。此外，從語法角度來看，「巴黎羅丹」是主從式語法結構，「巴黎」為從詞修飾後頭的主體詞「羅丹」，至於「紐澤西」是衍聲詞。至於「紐約紐約」是同樣意涵的詞素並列，為罕見的並行語法結構。最後，從修辭角度來看，「紐約紐約」是「紐約」的類疊，而「紐澤西」是完全單純的引用。

角色符號系譜

黃金莫內
皇翔高更
美術羅丹

三個建案命名有何異同之處？

相同處

三個建案命名都是鑲嵌了知名人物（角色符號）進來，而且都是法國的藝術家。也剛好語法結構上都是二二結構，且也都是前面有從詞修飾後面的人名，屬於主從式語法結構。至於修辭上，三個命名都是直接引用人名，沒有動用其他的辭格。

相異處

三個命名在引用名人之際，各有不同的修飾加分作為，建案命名「黃金莫內」多鑲嵌了珍石寶器符號裡的「黃金」進來添增其尊貴價值，「皇翔高更」則是鑲嵌「皇翔建設」進來，企圖以建商聲譽來提升價值，至於「美術羅丹」則是鑲嵌「美術」二字來強調建案座落於高雄美術館特區。

補充註

在筆者收集的建案命名語料中，最常被引用或仿擬的知名人物就是法國雕塑家羅丹（計有「羅丹」、「羅丹美墅」、「京城羅丹」、「美墅羅丹」、「羅丹藝術家」、「羅丹映象」、「羅丹天地」等建案），比達文西、畢卡索、梵谷等藝術家還多。

若以知名人物的國籍與身份職業來看，最多是歐洲人士，特別是法國人，而職業別則是國外知名人物以藝術家最多，而國內知名人物引用則是文學家，例如建案「東坡賦」、「心居易」、「胡適庭園」與「林語堂」分別都代表著蘇東坡、白居易、胡適、林語堂等人。

動物符號系譜

鳳凰美景
鳳邑官邸
鳳凰新富

三個建案命名有何異同之處？

相同處

三個建案都是高雄市鳳山區的透天建案，且其建案命名都鑲嵌了動物符號「鳳凰」進來。會在眾多符號中擇定鳳凰，應是鳳山區的「鳳」字提供了鑲嵌「鳳凰」的脈絡。至於語法方面，三個建案都是主從式結構，且也都是動物符號在前修飾後面的其他詞素。

相異處

儘管三個建案命名都是主從式語法，「鳳凰美景」和「鳳凰新富」都是以「鳳凰」修飾後面的主體詞；然而，「鳳邑官邸」的「鳳邑」本身就是「鳳」修飾「邑」了，這「邑」在語義上和「官邸」好像有些重複。當然，以修辭角度而言，「鳳邑官邸」也是比較不一樣，其鑲嵌是將「鳳凰」節縮成一個詞素「鳳」而已。

補充註

筆者針對收集的命名語料，研究分析發現不少台灣建案命名鑲嵌動物符號進來，其符號系譜應用多寡的排名，從第一至第五名依序為鳳凰（次數24）、龍（次數16）、麒麟（次數10）、龍鳳（複合系譜，次數9）、金鶯（次數3）。其中，就像高雄鳳山因有「鳳」字，而較常鑲嵌「鳳凰」進來，這「金鶯」也一樣，幾乎都是新北市鶯歌區的建案，應也是「鶯歌」與「金鶯」都有「鶯」字而牽成的鑲嵌姻緣。

額外一提，麒麟的總次數是10，其中8個都是座落在台北市的建案命名。這頗特別的，有「天龍國」稱呼的台北市，其鍾愛的動物竟然是麒麟而非龍或鳳。

動物符號系譜

台北晶麒
大安齊麟
麒　御

三個建案命名有何異同之處？

相同處

首先，三個建案都是座落在台北市，且偏愛的動物符號都是麒麟。其次，三個建案都有借力於雙關修辭，分別是「台北晶麒」字詞雙關「驚奇」、「大安齊麟」字詞雙關「麒麟」、「麒御」字詞雙關「奇遇」或「齊豫」。

相異處

首先，從符號的鑲嵌來看，「台北晶麒」鑲嵌了「台北市」此第一級行政區詞素進來，「大安齊麟」則是鑲嵌了「大安區」此第三級行政區詞素進來，至於「麒御」則完全沒有鑲嵌地理相關詞素。

其次，從語法角度來看，「台北晶麒」和「大安齊麟」都是以地理詞素當從詞修飾後頭的主體詞，乃主從式語法結構，至於「麒御」又不一樣，「御」字有駕馭之意，例如御馬即為駕馭馬之意，因而「麒御」的語法結構可拆為「麒」（N）＋「御」（V），乃主詞＋謂詞的主謂式語法結構。

補充註

筆者針對收集的命名語料，研究分析發現不少台灣建案命名若有鑲嵌「台北」二字進來，該建案幾乎都不是座落在台北市，反而大多是基隆市、新北市、桃園市等地的建案。也因而，「台北晶麒」此建案座落在台北市算是相當稀有的例外語料。

句型語法結構

山嵐映月
大清掬月
昌和沐月

三個建案命名有何異同之處？

相同處

首先，三個建案都是鑲嵌了日月星辰符號的月亮進來。其次，從語法角度來看，三個建案命名似乎都是二二結構（例如大清＋掬月），但其實都是二一一結構，且都為句型語法結構：「山嵐映月」是「山嵐」（S）＋「映」（V）＋「月」（O）、「大清掬月」是「大清」（S）＋「掬」（V）＋「月」（O）、「昌和沐月」是「昌和」（S）＋「沐」（V）＋「月」（O）。

相異處

首先，「大清掬月」和「昌和沐月」都是建商名稱在前頭擔綱主詞（S）的角色；相對地，「山嵐映月」並沒有鑲嵌建商名稱進來。其次，要能夠做出「掬月」或「沐月」等動作，這些鑲嵌在前頭的建商名稱應都有訴諸轉化修辭；亦即，都有做擬人化的修辭應用；相對地，「山嵐映月」卻只是映照、反射著，並無明顯的擬人化動作。但倘若「山嵐映月」改為「山嵐邀月」或「山嵐攬月」（筆者試寫，非真正案名），這動作就明顯需有人物來執行，此時，山嵐就轉化為人物角色了。

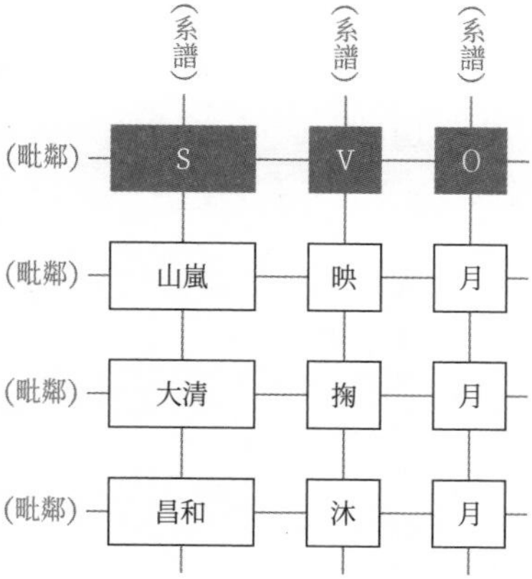

動賓語法結構

掬月
咏左山
枕草子

三個建案命名有何異同之處？

相同處

三個建案都是動詞＋名詞（賓語），例如「咏左山」是「咏」（V）＋「左山」（N），乃動賓式語法結構。

相異處

首先，「掬月」是一一結構，而「咏左山」和「枕草子」則是一二結構。其次，在符號系譜的擇定上，三個命名依序鑲嵌進來的是日月星雲符號的「月」、江河山水符號的「山」（還另加方位符號「左」），以及花木植物符號的「草子」。

當然，更細分其動詞也有所不同，一個命名是動手（「掬」），一個則是用嘴（「咏」），另一個更特別，是用頭或身體靠臥過去（「枕」）。

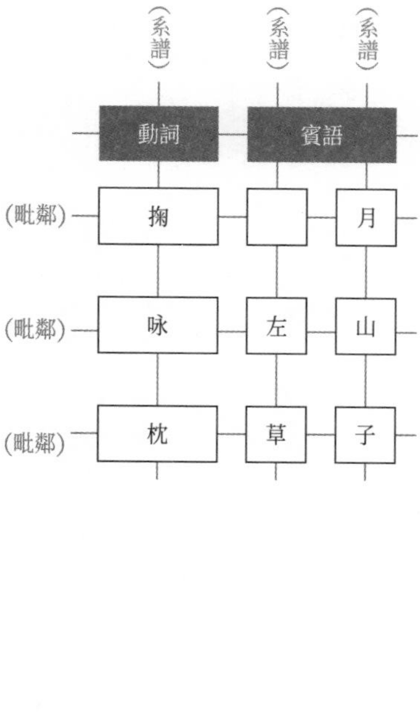

雙關修辭辭格

文山晶硯
百川晶硯
台北晶麒

三個建案命名有何異同之處？

相同處

三個建案命名都有鑲嵌珍石寶器符號裡的水晶。此外，從語法來看，三者都是主從式結構，例如「文山晶硯」是從詞「文山」修飾「晶硯」。而且三者都有兩層主從結構，以「百川晶硯」為例，第一層是「百川」修飾「晶硯」，第二層是「晶」修飾「硯」。最後，三個命名都有訴諸雙關修辭，「晶硯」字音雙關「驚艷」，而「晶麒」則是字音雙關「驚奇」。

相異處

「文山晶硯」此命名除了鑲嵌「晶」，還多了文房四寶的「硯」進來，更在前面添增從詞修飾後面的兩個詞素，「百川晶硯」雖也是從詞修飾後面的「晶硯」但差別是鑲嵌的是建商名稱「百川機構」。至於「台北晶麒」跟「文山晶硯」雖一樣鑲嵌地理優勢詞素進來，但「晶麒」是同時動用了珍石寶器符號以及珍稀動物符號，算是符號的複合運用。

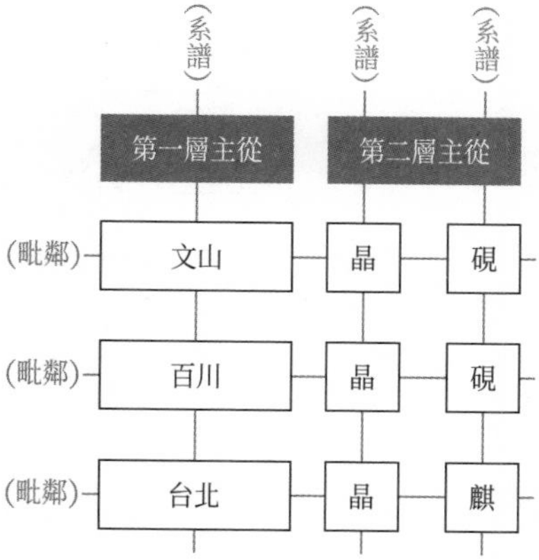

類疊修辭辭格

富宇學學
青埔青埔
禾木禾園

三個建案命名有何異同之處？

相同處

同一個字詞語句，接二連三反復地使用著，叫做「類疊」（黃慶萱，1997: 411），而這三個建案命名都有重複的詞素，等於都有訴諸類疊修辭。

相異處

首先，儘管三個命名都是訴諸類疊修辭，但仍有細目類型上的差別，「富宇學學」此命名的「學」重複出現且黏續在一起，是單詞疊字，「青埔青埔」則是「青埔」的重複出現，屬複詞疊字，至於「禾木禾園」則更不一樣，其「禾」是同一個字詞的隔離出現，算是單詞的類字運用。再來，「富宇學學」跟其他二個命名不同之處在於該建案命名有多訴諸仿擬修辭，乃仿擬「學學文創」此知名文創品牌而來，但「學學文創」的「學學」原來是動詞，但「富宇學學」的「學學」置於建商名稱「富宇」的後頭，變成了名詞，因而也算同步訴諸轉品辭格。至於從系譜符號的鑲嵌來看，「富宇學學」與「禾木禾園」都是建商名稱鑲嵌，而「青埔青埔」則是地理優勢（地理行政區）鑲嵌。

補充註

筆者收集與分析運用類疊辭格的命名語料發現，建案命名出現最多的類疊詞素是「學學」，這可說是拜「學學文創」之賜，建案「阿曼學學」、「學學樂」、「益欣學學」、「富宇學學」、「昌傑學學」、「瑞安學學」等，都是類疊「學學」二字，至於次數居次的則是「日日」，計有「日日禾」、「日日和」、「昌傑日日」、「豐邑日日」、「昌禾日日學」等。而這最多類疊運用的命名詞組，無論是「學學」還是「日日」，共有的特色就是都還會額外鑲嵌建商名稱進來。

數字鑲嵌辭格

新五綻
五華悅
北歐五國

三個建案命名有何異同之處？

相同處

三個命名都是有運用、訴諸數字符號，且都是數字「5」；此外，三個命名鑲嵌5數字進來都有其脈絡緣由，而非自由擇定。

相異處

首先，三個命名的命名脈絡仍有其差異，「新五綻」擇定數字「五」是因為該建案在新北市五股區，「五華悅」也是因地理因素而鑲嵌，因該建案座落在新北市三重區的五華街上，其實是鑲嵌了複詞「五華」進來，至於「北歐五國」擇定數字「五」的理由則純粹是因該透天建案共有5間。

補充註

在那麼多鑲嵌數字進來的建案命名裡，當然，有些數字的擇定並無特別緣由，例如建案命名「五星尊爵」，這「五星」只是慣用的高檔形容；但大多數命名突然擇定某個數字有緣由的仍是佔了多數，而從筆者的語料整理中，發現，最多的數字關聯，前三名是「建案的戶數」、「建案的地址」以及「建案的樓層」。而其中，最遙遙領先的就是建案戶數。舉數字「六」的鑲嵌為例，「星田六院邸」、「兼六園」、「天母六隱」、「六荷」、「熏風六月」、「中正六君子」等建案命名全都是因其建案共有六戶，僅有「世界街6號」此命名例外，是因該建案確實就座落在新竹市東區的世界街6號。另一個數字「十二」的鑲嵌，因戶數而鑲嵌該數字的比例更高，筆者收集的六個鑲嵌數字「十二」的建案命名，就有五個（「十二富」、「十二墅」、「Jade 12」、「文心十二品」、「十二璽」、「12達人賞」）都是因該建案的戶數是十二。

外詞鑲嵌辭格

iPark
i-home
達永 Apple

三個建案命名有何異同之處？

相同處

三個建案命名都是有外來詞鑲嵌，而且這些外來詞其實都是同一家公司——「蘋果公司」，也等於是仿擬既有的知名品牌，算是同步訴諸仿擬修辭。

相異處

儘管都是蘋果集團的仿擬，但品牌仍有其差異，例如「iPark」是仿擬「iPod」，「i-home」

是仿擬「iPhone」，而「達永Apple」則是直接鑲嵌「Apple」進來。當然，從語法上來說，「達永Apple」是「達永」修飾「Apple」是主從式語法結構，儘管「iPark」與「i-home」看似以「i」修飾後面的主體詞，但更像是共構的詞素，例如「iPark」缺了「i」或「Park」就與「iPod」的仿擬無關了，因而更像是衍聲詞。至於修辭部分，「iPark」與「i-home」的品牌仿擬，之所以能奏效還需歸功於雙關修辭，透過字音雙關方能達成仿擬，至於「達永Apple」則只是原有品牌名稱的引用並無改製。

地理優勢詞素	
公園 i PARK 高鐵 I-PARK 站前 ihome	三個建案命名有何異同之處？

相同處

三個建案命名都是透過字音雙關來仿擬蘋果公司旗下的產品，而且在鑲嵌外來詞之餘，都還額外鑲嵌了地理優勢詞素進來。

相異處

以語法而言，「公園 i PARK」命名裡的「公園」與「PARK」其實是中英文同義並列，算是頗少見的並列式複合詞。至於「高鐵 I-PARK」、「站前 ihome」則是以交通優勢詞素當從詞修飾後面的主體詞，為主從式語法。

補充註

其實建案命名在鑲嵌外來詞時，這些英文字母的大小寫擇定與呈現大致有一些規則。舉仿擬「iPod」的命名為例，這「i」原來品牌就是小寫，所以幾乎所有此類仿擬建案命名都是小寫，而後面「Park」的第一個字母「P」幾乎都是大寫，差別只在後面其他三個字母是否也大寫。這些命名包括「公園 i PARK」、「華固 i-PARK」、「微笑 i Park」、「懋榮 i PARK」、「豐邑高鐵 i-Park」、「iPark 4 米 2」等，唯一例外是「中研 I-PARK」是以大寫「I」起頭。至於仿擬「iPhone」的建案命名，例如「i-home」、「敦南 ihome」和「站前 ihome」等都是每個英文字母都小寫，添增了「家」的柔和親近調性。

品牌仿擬辭格

陽光誠品
橙品富達
芳崗澄品

三個建案命名有何異同之處？

相同處

三個建案命名都是仿擬知名的書店品牌「誠品」，且都是二二結構的主從式語法結構。

相異處

儘管在語法方面，三個命名都是主從式語法，但「陽光誠品」是「誠品」在後面當主體詞，同樣地，「芳崗澄品」也是「澄品」在後面當主體詞；相對地，「橙品富達」反過來是「橙品」在前修飾「富達」。至於在修辭上，「陽光誠品」是直接引用「誠品書店」；相對地，「橙品富達」與「芳崗澄品」則是透過字音雙關來進行誠品書店的仿擬撰述。此外，「芳崗澄品」此建案是在澄清湖附近；換言之，其「澄」字的鑲嵌算是額外的地理優勢詞素鑲嵌。

補充註

其實在仿擬既有知名品牌的建案命名裡，「誠品書店」算是被仿擬（含括引用）總數次多的個別品牌，最多的品牌是知名的飲料「左岸咖啡」，共有15個建案以之為名，含括「湖左岸」、「河左岸」、「市政左岸」、「左岸新天母」、「雲左岸」、「左岸庭院」、「左岸天玥」、「左岸長堤」、「左岸香堤」、「左岸之王」、「左岸手帆」、「左岸芝星」、「金色左岸」、「左岸布拉格」、「左岸巴黎」以及具有句型結構的「湖映左岸」。

映襯修辭辭格

大樹小墅
大景無言
士林官隱

三個建案命名有何異同之處？

相同處

三個建案命名裡面的詞素都含有正反對照的關係，例如「大」對應「小」、「官（顯耀）」對應「隱（退斂）」等。

相異處

儘管三個建案命名都有相對映襯的關係，但其中又存在著差異。例如建案「大樹小墅」是很明顯的從命名呈現裡就能看到「大」與「小」的相反對應；相對地，「大景無言」和「士林官隱」就不是那麼明顯。若從字面的正反關係來看「大景無言」，這「大景」應對應「小景」，但這邊的操作是基於擁有「大景」的超級景觀優勢，應是驕傲自誇連連，也勢必自滿或炫耀的話很多，但命名的後面詞素竟是「無言」，頓時，映襯美感就被映照襯托出來了。至於「士林官隱」也是字面上並無大小、尊卑或高低等直接對立的詞組，而是以「官府貴人」勢必慣於驕傲張揚，但最後一個字卻是「隱」，於是，在「官」與「隱」的黏連對照下命名「士林官隱」擁有映襯修辭的對應美感。

補充註

換言之，映襯修辭的操作，可以是字面上很對立詞素的安排，也可以有些轉折、轉化而已，並未有對立詞組顯現在命名撰述裡。筆者以張揚詞素與收斂詞素來當對應分類，試著解構、解釋這些建案命名的映襯詞性表現：

建案名稱	張揚詞素	收斂詞素
大隱小藍海	大	小
昆益大謙	大	謙
昭揚大隱	大	隱
三輝官隱	官	隱
謙御	御	謙
台大樸御	御	樸
隱秀	秀	隱
詠藏	詠	藏
紫金藏	紫金	藏
百川文隱	百川	文隱

這其中，「百川文隱」此命名在字面上並沒有任何相反對立的詞組，但「百川」有著偏向眾多、大量的語義，而其接續的詞素「文隱」，光是「隱」就很低調謙隱了，加上「文」的修飾，更恬淡隱藏的感覺，把對比距離更加拉大。

自由心證世界

蓮園久富
金河富居
士林官隱

三個建案命名有何異同之處？

相同處

三個建案剛好是《住展》雜誌在110年統計，台北市12個行政區平均開價最低的新建案。「蓮園久富」是內湖區開價最低建案，「金河富居」是士林區開價最低建案，而「政大富山」則是文山區開價最低建案。

而很特別的是，三個該行政區開價最低的建案卻都鑲嵌「富」字進來，似乎特別強調建案的富有象徵。

相異處

三個建案各自拉攏了不同的賣點進來，首先，「蓮園久富」是鑲嵌建商名稱（蓮園建設）進來。而「金河富居」則強調河景第一排的優勢，因而鑲嵌了「金河」進來，至於「政大富山」則以鄰近政治大學為其主要利益主張。至於在修辭方面，「蓮園久富」的「久富」其實是透過字音雙關來進行數字鑲嵌，因為該建案為九樓建案，因而聯想到「九富」再進而透過雙關轉變成「久富」。

補充註

最後，會以此三個鑲嵌了「富」字進來的最低開價建案來做最後介紹，是因為筆者發現，無論彙整出什麼命名修辭、語法或符號系譜的應用類型與趨勢，真正執行命名或把關命名的人未必會理會、會遵守。舉最常被仿擬的知名建案「帝堡」為例，各縣市都有帝堡，且有的帝堡是高樓，有的是透天建案，有的總價超高，有的卻只是一般的平民價位。畢竟，並沒有法規限定怎樣價位以上的房子，其命名才能用「帝」、「璽」、「帝堡」、「首富」等符號或詞素。

其實，很重要的是，廣告的目標視聽眾（Target Audience，簡稱TA）是誰，以及廣告的客戶（Client，又稱廣告主）是誰？例如三個該行政區開價最低的建案卻都鑲嵌「富」字進來這件事是真的很不合理嗎？內湖區的「蓮園久富」平均開價70萬，士林區的「金河富居」開價43萬，而「政大富山」則平均開價58萬。是的，跟自己同個行政區的建案比，「富」的感覺也許不是那麼明顯，但相較於其他縣市的建案開價，這三個建案絕對夠格自稱富豪、富有。

經過一堆問題與一堆筆者自以為似的答案後，若你還有興致、還有體力，歡迎繼續待在水平與理性交錯互助的思緒廣場，假設想看看這幾年台灣房產建案的命名，檢視一下這些精鍊的文案擁有怎樣的修辭類型與語法趨勢？特別是訴諸水平修辭的論述觀點，以及水平修辭座標軸的相關應用。想的話，**請不吝撥冗移駕至本書的《命名別冊》**，我當感恩、拜謝到整個人呈現完全水平狀態！

參考文獻

王桂沼（2005）。企業．品牌．識別．形象。台北市：全華圖書。

王珩、周碧香、施枝芳等（2012）。國語文教學理論與應用。台北市：洪葉文化。

王妙云（2002）。廣告有理修辭萬歲——聯合文學月刊中的廣告與修辭，修辭論叢，第四輯，573-605。

王淑娟（2003）。兒童圖畫書創造思考教學提升學童創造力之行動研究。台南市：國立台南師範學院國民教育研究所碩士論文。

王怡蘋（2011）。心智圖融入國中三年級作文教學之行動研究。台北市：國立台灣師範大學國文學系教學碩士班碩士論文。

李裕德（1985）。新編實用修辭。北京出版社。

竺家寧（2008）。漢語詞彙學。台北市：五南圖書出版。

邱順應（2008）。廣告文案：創思原則與寫作實踐。台北市：智勝文化。

邱順應（2019）。水平修辭：以台灣房產建案命名分析與創作為例。商業設計學報，23，67-86。

吳春諭譯（2009）。在「沒有問題」裡找問題：思考大師狄波諾翻新你的思考力（原作者：Edward de Bono）。台北市：城邦文化。（原作出版年：2006）

紀緻謙等人（2013）。生活美學：廣告文化創意作品集下冊。台北市：台北市廣告代理商業同業公會。

梁容菁、孫易新（2015）。心智圖：寫作秘典。台北市：商周文化。

張春榮（2001）。修辭萬花筒。台北市：駱駝出版。

張錦華譯（1995）。傳播符號學理論。（原作者：Fiske, J.）。台北市：遠流出版。（原作出版年：1990）

黃慶萱（2017）。修辭學。台北市：三民書局。

黃永武（1989）。字句鍛鍊法。台北市：洪範書店

黃貝玲譯（2019）。世界最強的思考武器—心智圖（原作者：Tony Buzan）。台北市：大是文化。（原作出版年：2018）

陳正治（2009）。修辭學。台北市：五南圖書。

陳瑾佩（2013）。心智圖 fun 鬆學 Email 寫作好 easy。台北市：貝斯特出版。

陳淑敏（1994）。Vygotsky 的心理發展理論和教育。屏東師院學報，7，132-138。

許瑞宋譯（2015）。打開狄波諾的思考工具箱——從水平思考到六頂思考帽，有效收割點子的發想技巧（原作者：Edward de Bono）。台北市：時報文化。（原作出版年：2015）。

莊淑芬譯（1996）。如何做廣告（原作者：Kenneth Roman & Jane Maas）。台北市：滾石文化。（原作出版年：1992）

莊惠琴譯（1989）。COPY 文案企畫：創意與演練（原作者：多比羅孝）。台北市：朝陽堂文化。（原著出版年：1987）

劉毅志譯（1997）。廣告寫作的藝術（原作者：Denis Higgins）。台北市：滾石文化。（原著出版年：1989）

劉怡女（譯）（2017）。文案大師教你精準勸敗術（原作者：Robert W, Bly）。台北市：大寫出版。（原作出版年：2005 二版）

賴治怡譯（1997）。The Copy Book：全球 32 位頂尖廣告文案的寫作之道（原作者：A. Crompton）。台北市：滾石文化。（原著出版年：1995）

謝家安（1996）。創造智力奇蹟——開發大腦潛能。台北市：三友圖書。

謝君白譯（1995）。水平思考法（原作者：Edward de Bono）。台北市：桂冠圖書。（原作出版年：1995）

蘇曼詩（2015）。心智圖法在作文教學應用之研究：以國中八年級國語文學習成就低落學生為例。台北市：國立台灣師範大學國文學系教學碩士班碩士論文。

Edward de Bono (1995), Edward de Bono’ s mind power, Dorling Kindersley.

John S. Dacey(1989), Fundamentals of Creative Thinking, Toronto:Lexington Books.

廣告文案水平辭堂：
以鑲嵌修辭為前導的文本分析、教學與創作

作者　邱順應
文字創作　邱順應
圖片創作　邱順應
封面構成　楊富智
裝幀、版型　楊富智
內頁設計　沈若瑜、柳沛嫺、駱逸賢
出版　簡單生活創意有限公司
台中市北屯區景賢南二路三三三號六樓之三
電話：04-24351027
印製　昱盛印刷有限公司
台中市西屯區永輝路一一八號
電話：04-22221234
出版日期　二〇二二年五月二版
定價　三百八十元（平裝）

國家圖書館出版品預行編目（CIP）資料

廣告文案水平辭堂：以鑲嵌修辭為前導的文本分析、教學與創作
/ 邱順應作 . -- 二版 . -- 臺中市 : 簡單生活創意有限公司 , 2022.05
面； 公分 . --

ISBN 978-626-95276-3-2(平裝)
1. 廣告文案　2. 廣告寫作

497.5　　111005776